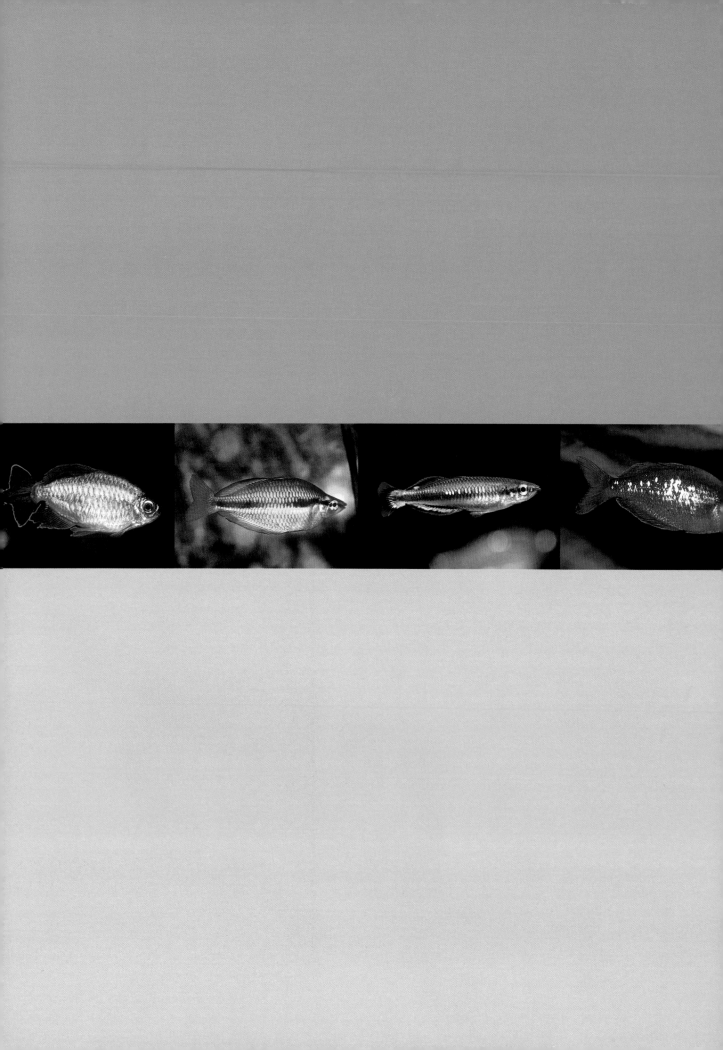

SMART

Tropical aquarium
setting up and caring for
freshwater fish

熱帶魚寶典

推薦序

　　在沉浸於觀賞水族飼養與魚病研究多年後，很難得有本書，能讓我再重新體驗水族那迷人的風情。特別是當家中三歲及五歲的孩子，慢慢從水族箱觀察發現一些問題後，我需要更精確卻也淺顯易懂的資料，引導牠們感受那種同時融合生命、環境與獨特嗜好的魅力。

　　本書由水族專家所創作，經過準確且合適的翻譯，清楚的呈現了水族箱的誕生、生物特性與管理須知，對於有心飼養或正沉醉其中的觀賞魚愛好者而言，絕對是一本必備的水族寶典！

國立臺灣海洋大學 水產養殖學系研究所　博士

目錄

第一部　水族箱的設置與維護

Contents

第二部　熱帶魚種指南

作者序

養魚，在世界各地都是非常受歡迎的休閒，很難解釋到底是什麼讓養魚那麼受歡迎，但無庸置疑，每個人的啓發點都不同。

很多人是被大自然的奇妙所著迷，對這些人來說，魚兒可能又具有更深的奇妙感，因為我們和水中世界是分隔且迥然不同的，所以只能藉由專門的設備進入水中世界。

有些人養魚是因為水族箱能帶來輕鬆愉快的作用。觀賞魚兒在水中世界平靜地游泳，可以降低壓力，這樣的證據不勝枚舉，難怪在醫院與牙科的等候區，水族箱是越來越受歡迎了。

或許，讓養魚廣受歡迎的另一個因素是人們可用各種不同的方式欣賞魚。很多飼主可滿足於客廳一角的單一水族箱，他們對休閒嗜好的投入只傾向偶爾逛逛附近的水族商店而已。有些人則完全被養魚世界所吸引，超出自己想像地做更深的投入，而且，常常會導致家中出現更多的水族箱！對他們來說，養魚是藝術也是科學。打造一個迷人的水族箱，可以引發藝術天賦，而對於喜歡學習的人來說，則可得到眾多魚種相關的知識，而且比任何人希望在一生中可全部吸收的還更多。

養魚讓很多人進入新的知識領域。不曾對植物或園藝有特別興趣的人，可能發現自己能創造出極美的水中植物和水族造景。有些人發現自己想知道更多他們所養的魚的發源地：那些遠方的

湖泊和河流，這樣，他們才可以更正確地在水族
箱中再造如此的環境。而當興趣達到了極致，他
們還可能到這些地方旅行，甚至去浮潛或潛水。

　　不論你對養魚的投入是深是淺，都希望你能
得到某些我多年來所體驗的樂趣。

上圖：熱帶水族箱可以純粹是客廳裡迷人的一角，也可以
是極美麗的大自然。

水族箱的設置與維護

Setting Up & Maintaining an Aquarium

水的化學性質和水質

水族箱裡的水很複雜，因為會有物質溶解或懸浮物在裡面，而且這些物質會隨著時間而轉變。在養魚術語中，「水的化學性質」和「水質」是可以互用的，水的化學性質包括水的物理和化學屬性，而水質是指和魚的健康有關的水屬性。

水質的概念有時會被誤解，你可能會聽到剛養魚的人說：「我的水質很純淨，非常清澈。」可惜，水的清澈與否，和維護魚兒健康的水質是絕對沒有關係的。在非常清澈的水中，也會有致命含量且肉眼無法看到的毒素或廢物溶解其中，而看來污濁的水（在許多自然環境中看到的），在生物學角度來說，卻可能是絕對的安全。確認水質的唯一方法，是使用恰當的測試工具。

水溫

水溫是最明顯的水質變數，而且也最容易測量控制。對熱帶魚來說，最理想的水溫是介於攝氏 20 ～ 30 度（華氏 68 ～ 86 度），所以，在混合型水族箱中，適合大多數熱帶魚的中間溫度是攝氏 25 度（華氏 77 度）。水溫也會影響其它的水質變數，例如含氧量、魚兒排放及分解廢物的速度。

左圖：一定要用溫度計來測量水族箱的溫度，千萬別只依賴加熱器上的設定。

°C °F
34 93
32 90
30 86
29 84
28 82
27 80
26 78
25 77
24 76
23 74
22 72
21 70
20 68
18 64

pH 值

pH 值最簡單的定義，是水的酸鹼度測定。更科學的定義，是氫離子（H+）濃度含量的測定，也就是 pH 中的大寫 H。

pH 值的刻度單位，是從 0 到 14。pH 值 7 代表中性（不偏酸也不偏鹼），pH 值小於 7 是酸性，大於 7 則是鹼性。大多數的淡水魚都無法忍受極酸或極鹼的水質，所以理想的 pH 範圍應盡可能接近中性。

pH 值會一直被水族箱中的活動所影響，例如曝氣、廢物分解和植物代謝。所以，定期檢查 pH 值是很重要的。水族箱中的 pH 值多決定於水源，而大部分的飼主是用自來水。你可能會發現水族箱的 pH 值並不適合魚的所需 pH 值條件，這相對會影響到你可以飼養的魚種。

在試圖改變水族箱的 pH 值之前，先問自己是否真的有必要。每個魚種所屬的 pH 值範圍，通常是以原產地水質作依據。雖然希望能模仿原產地的環境，但魚兒大多能在稍微不同的 pH 環境中生長。另外值得考慮的是，許多寵物魚累代都在水族箱中生長，已習慣不同於自然棲息地的水質（這不表示牠們的長期生理感官也已經適應）。

只要能避免極端，保持穩定的 pH 值比達到精確的 pH 值來得重要。當地水族商店所用的水源，若大致上和你的相同，這會讓新買的魚更容易適應水質。如果決定要改變水族箱的 pH 值，請小心緩慢地做調整。另外，商店販售的 pH 調節劑，如果沒有妥善使用，將會有不良的後果。

pH 刻度單位的對數性質

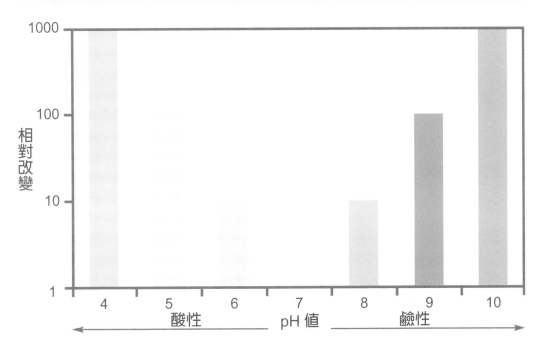

左圖：pH 的刻度單位是以對數的倒數表示，也就是每改變一個 pH 單位，決定 pH 值的氫離子濃度就會改變 10 倍。相對很小的改變，會造成相當大的影響，所以一定要逐步地調整 pH 值。

硬度

　　水的硬度和溶解於水中的礦物質有關，通常以度為單位，或用百萬分率（毫克／公升）表示。大部分的人對「硬」水已有些許概念，它代表用起肥皂來，硬水是不起泡，軟水則容易許多。其原因並不是水中所有的礦物質在作祟，而只有某些礦物質才會引起這種硬的屬性。通常可分為兩種測定方法：主測鈣和鎂離子的一般硬度（GH）；測碳酸鹽和重碳酸鹽離子的碳酸鹽硬度（KH）。

　　水族箱的 GH 測試劑可測量鈣、鎂離子（其它次要離子可能也有影響，但在淡水中影響不大），但無法測量其他溶解礦物質像鈉和鉀，所以有人說氯化鈉並不會使水硬化。雖然 GH 的特性並不能測量水中所有的離子，但已是礦物質含量很好的指標。

　　水中礦物質含量對魚很重要，原因很多，最起碼魚在身體裡的礦物質含量，與周遭水中的含量須保持平衡。在特定情況中，硬度變得很重要，像在繁殖時，不可突然改變硬度，也不應將魚換到其他硬度差異很多的水族箱中。只要硬度能保持穩定，在合理範圍內，大部分的魚都可以適應。碳酸鹽硬度，縮寫 KH，本質上相當於海水養魚中常用的鹼濃度，雖然這兩者不全然相同，但都代表水能防止 pH 改變的能耐，也就是緩衝能力（或中和酸度能力）。

　　對養魚者來說，KH 值越高，pH 就會越穩定，而且越難被改變，較低的 KH 值則表示 pH 可能會較不穩定。KH 值小於 3 度（或約 50 百萬分率），表示 pH 值在潛在中可能會下降很多。定期換水、避免過度擁擠或餵食過量，則可預防。因為廢物分解的關係，水族箱的水會隨時間自然酸性化，而導致相關的 KH 和 pH 值下降。如果 KH 值近於零，那麼 pH 值便會急速下降。

　　如果你的水源 KH 值較低，而你希望能使它更穩定（或為了魚，在硬的鹼性水中增加 KH 值），則可加些能釋放硬化鹽於水中的礦物質（像碳酸鈣），可以用石灰岩為主的石頭，例如凝灰岩、珊瑚砂或礫石，混合在水族箱底部，或加在過濾器的間隔區裡、以鈣為主的底部。大部分情況中，增加 KH 值也會使 pH 值上升。

　　如果你想降低 GH 和 KH 值，可在過濾器中

左圖：內置型的盒子過濾器，很適合加進專用的媒介像泥炭土，以降低 pH 值和硬度。

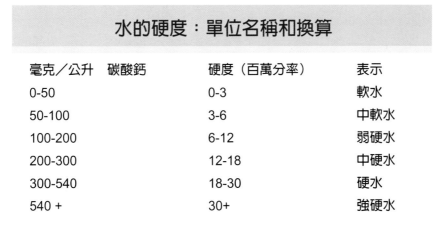

水的硬度：單位名稱和換算		
毫克／公升　碳酸鈣	硬度（百萬分率）	表示
0-50	0-3	軟水
50-100	3-6	中軟水
100-200	6-12	弱硬水
200-300	12-18	中硬水
300-540	18-30	硬水
540 +	30+	強硬水

加泥炭土或軟水樹脂，但最好的方法，是用近似純水來稀釋硬度較高的水，例如用逆滲透水或去離子水。這即是利用簡單的稀釋原理，如果你用純水，以 50 ： 50 的比例稀釋硬度 10 度的水，結果硬度會變成 5 度。

以前有些資料會將 KH 視為 GH 的一部份，這容易使人誤解而且是錯誤的，因為 KH 值可能會超出 GH 值（在馬拉威湖和坦干依喀湖就這樣自然發生了）。部份的混淆來自於較早期的水族文獻，將硬度用測量水中所有的離子來表示，而這樣的硬度定義，和飼主用 GH 測試劑所做的測量並沒有關聯，這點倒是常被遺忘。也可用總溶解固體（TDS）和鹽度之類的方法來測量，不過對於大部份的淡水魚飼主來說，這些並不重要。

左圖：測量水硬度的 GH 測試劑
右圖：pH 測試劑和調節劑

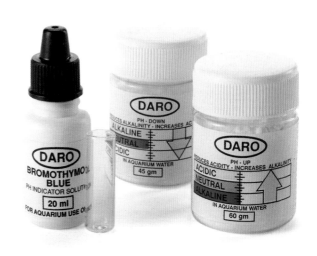

氮循環——氨，亞硝酸鹽和硝酸鹽

水族箱中，和魚健康有關的最重要因素是氮循環，這樣的說法一點也沒有誇大。缺乏平衡的氮含量，幾乎比其他因素，更直接或間接地要為魚的緊迫與死亡負責。

魚的代謝物、沒吃完的食物和腐爛的植物，都會讓水族箱中產生氨。魚也會從鰓排出大量不要的氨，就像我們（還有魚）呼出二氧化碳一樣。氨對魚有毒，而且會對鰓會造成永久傷害。魚如果長期暴露在氨的環境中，即使非常少量，甚至測試劑測不出來，也會造成緊迫和長期傷害。水族箱中實際有毒的氨含量，取決於 pH 值和影響較小的水溫，在偏酸的 pH 值中，氨是以毒性較低的銨（$NH_4^{\pm}$）形式存在，如果水變得越來越偏鹼，銨就會逐漸變成較毒的氨（NH_3），所以，等量的氨／銨在鹼性水中比較有害。幸好，有種自然生成的細菌會把氨轉成毒性較低的化合物亞硝酸鹽，但如果一直累積，對魚也是有害，這時，有第二種細菌會將亞硝酸鹽轉成毒性更低的硝酸鹽。

在新設置的水族箱中，並沒有足夠的益菌來對付這些廢棄物，有毒的氨會升高到危險含量，但最終，菌數會增加到可以對抗氨的程度，氨含量減少，亞硝酸鹽開始累積。當第二種細菌增加時，亞硝酸鹽就會轉成毒性更低的硝酸鹽。

這樣的循環需要四到六週，而實際的時間會受很多因素影響。一旦發生了，這樣的水族箱通常被稱為循環水族箱或成熟水族箱。讓水族箱變得更完全的成熟穩定，須更長的時間，大約要 6 個月。所以，在新水族箱的最初循環時間中，按部就班減少造成魚的緊迫和預防死亡是很重要的，這些包括：

養更多魚之前，先只養一些適應力強的魚，監控氨和亞硝酸鹽的含量並確保其數值是零。

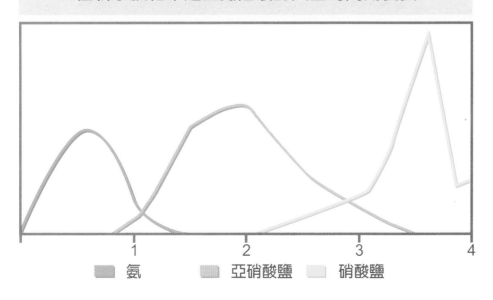

在新水族箱中建立氮循環的典型時間刻度表

1　2　3　4

氨　　亞硝酸鹽　硝酸鹽

左圖：新設置的水族箱，需花一些時間讓氮循環起作用，大約要四週或更久的時間。必須累積足夠的細菌，才能把氨轉成亞硝酸鹽，然後把亞硝酸鹽轉成硝酸鹽。

少量餵食，將廢棄物減至最少。

如果可以，從至少有好幾個月的穩定水族箱中，拿一些過濾素材、石礫／砂子、水草或其他佈置。這樣可以幫助引進必要的細菌，並加速循環過程。可找養魚的朋友或當地的水族店幫忙。

水族箱內先做好生態循環，再加魚。必須用氨的替代源來養細菌，才能開始生態的成熟過程。你可以每天加一點魚飼料作分解，或以純氨做來源（純粹家用的氨水，不加任何添加劑）。如果是用第二種方法，你必須仔細全程監控氨和亞硝酸鹽的含量。（注意，這個方法很耗時，除非在水族箱中放成熟水族箱裡的物質。）

種植濃密的水草長達一周，然後開始慢慢加魚。水草不只以根葉引進重要的菌類，還可以對付氨和其它廢棄物。（在有豐盛水草的水族箱中慢慢加魚，可能可以避免大幅度的循環變化。）

一旦最初的成熟週期完成了，氨和亞硝酸鹽含量，實質上會維持在零的位置，一般水族箱測試劑應該測不出來。然而，有某些因素會使成熟水族箱產生氨和亞硝酸鹽，這些因素包括：

因疏忽、缺乏維護或斷電引起的過濾器故障。

過度熱衷於清洗生物過濾媒介，尤其是用了加氯的自來水或熱水。

同時加了太多魚。

餵食過量。

上圖：餵食過量是造成水質出問題的常見原因，這會造成氨根／亞硝酸鹽根及硝酸鹽含量上升。

藥物治療過量或混合了其他藥物。

在成熟穩定的水族箱中，氨和亞硝酸鹽會有效地轉換成硝酸鹽。雖然硝酸鹽毒性較低，但濃度變高時仍會有害。硝酸鹽的毒性仍有待探討，而且很明顯的，不同種類的魚，敏感度也不同。

魚若長期被暴露在高硝酸鹽含量中，會降低對疾病的抵抗力，還會影響到生長速度和繁殖力。把魚從相對較低的硝酸鹽含量（例如當地的水族店），移到高硝酸鹽含量中，會產生更立即的問題。即使新魚表面上看來很好，也會在幾天內死亡。（原來水族箱中的魚，已有時間逐漸適應增加中的硝酸鹽含量，而新引進的魚卻沒有。）所以應該針對水族箱中的硝酸鹽含量，用定期部分換水的方式，將濃度盡可能維持在最低。

氯和氯胺

　　地方上的供水單位有責任確保人們的用水安全，所以自來水加了氯來消毒，但卻不保證適用於水族箱養魚。氯讓自來水可以安全飲用，卻較不適用於水族箱，因為氯對魚和其他水族生物有害。低劑量的添加會造成魚兒緊迫和魚鰓的傷害，高劑量則會致命。所以在加自來水或其他氯添加水源到水族箱之前，必須先做處理。

　　有很多方法可以相當簡單地去除氯，其中之一，就是在使用前曝氣約 24 小時。另一個常用方法，是用市面上的除氯劑或水質調節劑，它們傳統上是以硫代硫酸鈉（俗稱海波）為基礎來中和氯。有些水調節劑有加其他原料來包覆有毒重金屬或對魚加一層黏膜保護。用活性碳過濾也可除氯，如果用這個方法，須先用另一個容器，加新碳放置至少 24 小時，再把水加進水族箱中。

　　有些供水單位會在自來水中添加氯和氨的合成物：氯胺，比起單用氯，氯胺是比較穩定的消毒劑。以硫代硫酸鈉為基礎的傳統去氯劑，可中和氯，但這會釋放氨，這對魚會造成傷害和緊張，而利用生物過濾讓氨轉化，則還要花上一些時間。如果你知道地方供水單位是用氯胺（或是你還不確定），則可以選用新式的水調節劑產品，中和氯又可將氨轉化成無毒的形態。

溶入的氣體

　　從空氣中溶解到水裡的氧，只有一定的量，而且因水溫而異。在攝氏 25 度（華氏 77 度）的清水中，可溶入的氧每公升最多約 8.1 毫克。應儘量讓水族箱的含氧量接近這個飽和值。（雖然有測試器，但實際上，飼主很少會檢查含氧量。）可用下列的方法達到理想含氧量：

🐟 利用水族箱過濾器、循環幫浦和任何其他的曝氣工具來達到良好的循環和曝氣，也應定期檢查這些工具，以確保有足夠的氧氣從水面溶入水體。

🐟 用有較大表面積的寬淺水族箱。（水族箱的表面積，是決定氧氣溶入水族箱比率的重要因素。）比起同樣大小卻深窄的水族箱，這種可以安全地供養更多魚。

🐟 用噴灑頭、氣泡石，或將過濾器的出口導向水面，來做有效的攪動。這樣也會增加水的表面積，確保高含氧量。

　　須注意，過度擁擠和餵食過量都會造成含氧量降低。含氧量小於飽和值，會造成魚長期的輕微緊迫，而容易被疾病感染。如果含氧量明顯小於飽和值，就可能會看到魚在水面喘氣。如果含氧量降到 2 毫克／公升，絕大多數的魚就會死亡。

　　另一個要考慮的是，氨轉成亞硝酸鹽（氧化作用）然後轉成硝酸鹽，須靠氧氣。低氧會降低生物過濾的效率，潛在地造成進一步的水質問題。在有水草的水族箱中，水草會用少量的氧在夜晚呼吸，而白天行光合作用所製造的氧氣，遠超過這樣的消耗。因為光合作用在夜晚停止，水草水族箱的含氧量會在夜間下降（沒有水草的水族箱也常有這樣的現象，因為有藻類存在）。因此，低氧的影響通常在清晨時出現。

　　魚（和植物）持續呼吸會產生二氧化碳。如果二氧化碳含量過多，魚便會出現和缺氧相似的症狀。水族箱中的循環和曝氣，可幫忙除去一些水中的二氧化碳。因為水草需要二氧化碳來行光

合作用，所以在有水草的水族箱中，不建議太積極地用額外的氣泡石或過度攪動水面，來去除二氧化碳。二氧化碳也的確常被加在水草缸中，以促進水草生長，但當水草不須二氧化碳進行光合作用時，這樣的增加通常會在夜晚停止，以避免過度的累積。

下圖：魚在水面喘氣，可能代表嚴重缺氧或二氧化碳過度累積，可大量地讓水曝氣來更正問題。

水族箱

影響水族箱選擇的主要原因，可能包含放置水族箱的空間和預算。然而，若能事先計畫好要養哪些魚，這也是很明智的。新手選了小型水族箱（通常以「新手的理想選擇」來促銷），然後才發現可選擇的魚類因此被限制，真希望之前選了個大一點的水族箱，這種情形並不會不尋常。

可把目標放在空間和預算能容許的最大型水族箱上。除了對魚的選擇有更廣的潛在範圍，較大型水族箱還有一個明顯的好處：穩定。以水的變數，像水溫來說，較多的水量就會較穩定，因為在較多的水量中，水的狀況是漸漸地改變，不太可能一下子就出問題。

長 90 公分（36 英吋）、寬 30 公分（12 英吋）、高 45 公分（18 英吋），是理想的第一個水族箱，目標放在飼養一般可買到的小型熱帶魚。大一點的水族箱，相對的價錢並不會高出許多，譬如以 60 公分（24 英吋）和 90 公分（36 英吋）大的水族箱來說。所需的設備，實質上也是如此，例如稍微大一點的加熱器或照明設備，價錢只多了一點點。

選擇水族箱的主要決定在於是否要用系統化水族箱，有完整的蓋子、照明、和過濾系統；或要用簡單的水族箱，可以加裝自己挑選的所需設備。

這兩個選擇都各有優缺點。如果你是新手，可能會發現選擇系統化水族箱比較容易，它包含了整套必須的設備，不必分開挑選。不論如何，閱讀一些相關資料和與熱心店員的幫忙，都會對你的挑選幫助很大。好的店員會花時間告訴你某牌水族箱或某個設備的優點，而不會想匆匆完成交易。

市面上系統化水族箱的潛在缺點，是缺乏彈性。可能不易加裝額外的設備或為你的需求量身訂做。特別是過濾系統可能會不合適，或照明設備不適用於生長中的水草。

雖然市面上很多的系統化水族箱都有很棒的設計，但經驗老道的養魚者，會希望能分別挑選水族箱和相配的設備。這樣的選擇，能容許為特別的用途量身訂做。例如慈鯛水族箱要用高效率過濾系統，而有濃密水草的水族箱要加強照明。

很多廠商都有製造一系列的標準水族箱，較大的零售商場，也可能有自製的標準尺寸和訂做尺寸。量身訂做水族箱的好處，在於有選擇確切大小（或形狀）的彈性。

玻璃厚度是水族箱設計的一個重要因素。建造水族箱，用厚度最少 6 公釐的玻璃是相當明智的，但市面上有些小水族箱，有時會用 4 公釐厚的玻璃。一般來說，高於 45 公分（18 英吋）的水族箱，至少要 8 公釐或最好 10 公釐以上厚度的玻璃。深度超過 60 公分（24 公釐）的水族箱，通常須要 12 公釐厚的玻璃。若超過 75-100 公分（30-39 英吋），就需要更厚的玻璃，通常會非常重、非常貴，而且需要一個現場的訂做計畫。

很多市面上的水族箱是以壓克力製造的，尤其是有花俏造型的水族箱。壓克力相對的比較輕盈且堅固，但較容易刮傷。對比較大的水族箱來說，也比玻璃貴許多。

位置

天然陽光可讓水族箱有舒服的視覺效果，不過，將水族箱擺在陽光可直接照到的窗邊，就不太明智。陽光光譜中特定波長的照射，會促進水藻過量生長，同樣的原因，過熱也可能造成問題，所以也別把水族箱放在暖氣旁。避免擺放的位置還有冷氣旁，任何噪音、震動、或過多人來人往的地方。

還有，必須把水族箱放在特製的架子或櫃子上，用可支撐水族箱或其他堅固的傢俱。水是很重的，一公升就有一公斤重，或約每英制加侖就有 10 磅重。這表示 120 × 45 × 60 公分（48 × 18 × 24 英吋）的水族箱，重量範圍可到 300 公斤（660 磅），大於四分之一公噸！如果是很大的水族箱，或許需要房屋結構工程師來幫你檢查一下地板。

左圖：在投入水族箱的設置步驟前，一定要先檢查水族箱是否是平穩的。如果水族箱不能在穩固的平面上平均支撐，會造成接點上產生壓力，導致水族箱漏水。

加溫與照明

加溫

　　為了保持熱帶魚的健康,水族箱的溫度必須維持在固定的水溫範圍。不同種類的魚,對水溫的要求就不同,所以應該對想要飼養的魚調查一下。對大部分的熱帶魚來說,理想水溫在攝氏 22 到 28 度之間(華氏 72-82 度),攝氏 25 度(華氏 77 度)是一般的折衷溫度。

　　特定水族箱的加熱器瓦數需求,取決於一些因素,包括周遭的室溫和水族箱的大小,容許至少每公升 1 瓦(每英制加侖 4.5 瓦),再進位到最接近的加熱器規格。以 180 公升(40 英制加侖)的水族箱來說,就需要 180 瓦,所以你可以用下一號的標準加熱器,也就是 200 瓦。

　　市面上最常見的水族箱加熱器有:

🐟 組合式加熱恆溫器,是目前替水族箱加溫最普遍的方法,它是一個棒狀儀器中,合併了加熱原理和恆溫控制。普遍可買到 25 到 300 瓦或更多的標準瓦數,通常瓦數梯度是 25 或 50。加熱恆溫器通常可以完全沉入水中,但最好先查看一下廠商的說明書。

🐟 恆溫過濾器,是分立的內置式加熱器替代品,結合了過濾和加熱的功能。有些內置式過濾器會在設計中合併加熱設計,可把水族箱中看得到的設備減到最少,把一切都保持得整整齊齊。有些外置式過濾筒,也在設計中合併了加熱原理。

🐟 另一個建議,是將管線加熱器,裝在標準外置式過濾器的回流水管中。

　　為了提供持續的熱度,當使用內置式加熱器時,須確認有足夠的水在加熱器周圍流動,加熱器不能直接接觸底砂、佈置品或水族箱的玻璃。

上圖:水族箱上方的照明可讓我們欣賞魚兒的最美色彩。在有水草的水族箱中,還提供了光合作用所需的光線。
右圖:組合式加熱恆溫器,是替水族箱加溫最普遍的方法,而且通常可以完全沉入水中。

大型水族箱中，可以用兩個以上的小加熱器來達到所須的瓦數，並放在水族箱的兩端來提供持續熱度。使用兩個以上的加熱器，就等於有了備用，如果其中一個在關閉狀態中故障，另一個就可避免水溫忽然急速下降，讓你有時間注意到問題。

使用分開的溫度計，來查證加熱器上的設定是否有產生想要的水族箱溫度，可在每天餵魚時定期檢查溫度計。現代的加熱設備大致上都很可靠，但還是建議找熟知可信賴的品牌，即使多花一點錢也是值得的。

如果在做維護時，須從水族箱中移走加熱器或降低水量，則必先確定加熱器在至少 10 分鐘前已經關閉。從水中移開加熱器前，先讓它冷卻，不然可能會導致破裂。

照明

照明為水族箱提供了許多功能。首先，讓我們比在室內的自然光中，更可以充分地觀看和欣賞魚群。更重要的是，為魚提供了天然的晝夜循環。如果水族箱中加了活水草，照明就變得更要緊，因為水草需要適當的晝夜循環來行光合作用。

日光燈管是很普遍的水族箱照明，市面上有很多種尺寸、瓦數和顏色。最受歡迎的尺寸是 T8 燈管，直徑 2.5 公分（1 英吋）。也有生產標準尺寸的燈管，並對應特定的瓦數。

照慣例，市面上標準尺寸的梯差是 15 公分（6 英吋）。選擇比水族箱短 15 公分（6 英吋）的燈管，才有空間裝進燈管接頭，也裝得進燈罩中。例如，90 公分（36 英吋）的水族箱則選用 75 公分（30 英吋）的燈管。在日光燈管後方裝上反光片，可引導更多光線到水族箱中。

近幾年來，更細更亮的日光燈，也就是 T5（取名自直徑 5／8 英吋），已逐漸變得受歡迎。比起標準日光燈管，同長度或更小的 T5 燈管可以提供更亮的照明力，對較深的水族箱和希望養嬌貴水草的人來說很有幫助。

如果水族箱沒有活水草，則可以選擇可加強魚的色彩，但又不會亮到促進過多水藻生長的燈管。很多描述為「暖色系」或「暖白色系」的燈管就很適合這個用途。對有水草的水族箱來說，有「鮮明日光」或「太陽光」描述的燈管就特別適合。日光燈管通常是以「色溫」來分級，用凱爾文度數「K」來測量。大部分「鮮明日光」燈管有 5500 到 7500K 的色溫，更高的色溫，像 10000 ～ 20000K，一般是用在海洋水族箱。

在較大的水族箱中放兩個不同的日光燈管，可增加魚的色彩，也提供了良好的光線給水草生長。另一個用多燈管的好處是，你可以分別開關，這樣就可以用很好的效果來製造黃昏和清晨。可用藍月光或白熾光燈管來達到這個用途。

金屬鹵化燈是極致的照明系統，用於很深的、有茂密水草，或有強調亮光需求魚種的水族箱。它被歸為「點光源」，可提供愉悅的波紋效果。

過濾

過濾器是水族箱中不可缺少的生命維護組件。在人工環境中，沒有湖泊和河川的龐大水量，也沒有那裡自然生態系統的好處，所以定期換水並使用過濾器來維持魚的健康。

過濾器可以達成許多重要的功能：

🐟 機械過濾可能是最直接明顯的功能。透過媒介，像是海綿／泡棉或羊毛過濾片，可以實質上從水中滲透出大型粒子，使水清澈和防止污垢在水族箱中過度累積。

🐟 生物過濾，或生化過濾，是指用有益的細菌將水族箱中有害的廢棄物分解。有些細菌和其他微生物可以分解更複雜的廢棄物，但飼主最關心的，還是與氮循環有關。當這些細菌在一個區域培植，有良好的充氧水流帶來食物來源，它們就能發揮最有效的作用。大部份過濾器的設計都有給細菌培植的區域。簡單的過濾器中，可以是海綿，它們也機械式地過濾水。但在比較複雜的設計中，會有特定的生物媒介，它有眾多的表面積讓細菌生長，通常會事先以機械方式過濾，防止生物媒介被污垢阻塞。

🐟 化學過濾，在某些例子中更正確的說法是吸附作用，是指把物質黏附在表面（和吸收相反，吸收媒介是把物質帶進媒介裡）。最常用的吸附媒介是活性碳，當然也有別的可以黏附特定物質，像是磷酸鹽。

左圖：不同的媒介有不同的用途，過濾海綿／泡棉可機械式地從水中過濾粒子，時間成熟後也有生物用途。塑膠生化球，用不規則形狀來增加表面積，可達到最佳生物過濾性能。

選擇正確的過濾器

很多因素會影響過濾器的選擇，純粹最明顯的有：

🐟 水族箱的大小。大型水族箱需要大馬達來循環水，而且大型過濾器的性能才能處理更多的廢棄物。過濾器的廠商一般都會給每個過濾器關於水族箱尺寸等級的指標。選擇大一點的過濾器來允許誤差，比較明智的。

🐟 計畫將要養的動物。像大型的慈鯛和鯰魚，比小的群居魚類須要更多的過濾。

🐟 有茂密水草的水族箱，比起沒有任何水草的水族箱，理當要用不同的過濾方式，尤其要避免過度循環和曝氣，以防止二氧化碳流失（參照 33 ～ 35 頁）。

儘可能地選擇結合機械、生物和化學過濾的過濾器。在某些情況中，理想方案可能是兩種或以上的過濾組合。

對過濾器的表現做評分，不只要針對過濾器的馬達循環速率，還要包含過濾媒介的性能和種類，和媒介與水接觸的時間，這個對有效的生物過濾來說很重要。設計恰當的過濾器，又有速率適中的水流通過，並使用大表面積的生物媒介，可提供媒介和水最極致的接觸時間。

右圖：過濾筒有很大的容量來放不同的過濾媒介，而且特別適合較大型或放了很多魚的水族箱。

過濾器的種類

底質過濾

底質過濾，或稱 UGF ，曾是水族箱的主要過濾方式，但由於有替代的過濾技術，讓它受歡迎的程度變低。

底質過濾的運作方式，是將水往下帶，以透過石礫底層，底層則是由水族箱底下的浪板支撐著。外置的氣動馬達，會製造上升氣泡於直立管內，將水再循環回水族箱表面。（可用沉水馬達來取代氣動馬達。這是一種特殊的抽水馬達，位於氣升管的上方。）

石礫本身可當作生物過濾的媒介，由於有廣大的表面面積，在正確保養下能良好運作。底質過濾也可讓水質看起來很乾淨，因為它的機械過濾會把懸浮粒子往下帶進石礫層。但如果有過多的殘餘物，經長時間增生在石礫中，生物過濾效果便會大打折扣。大量的殘餘物散佈在石礫中，可能會導致高濃度的硝酸鹽和磷酸鹽產生，以及 pH 值的下降。因此在換水時，應該要定期幫石礫做「吸塵」的動作。與一般的迷思相反，將污垢從石礫中吸走，並不會除去大量重要的硝化細菌，牠們是以生物膜方式堅固地附著在石礫表面。

如果水族箱底下有沙子，便不能用底質過濾，因為沙子太細，粒子會掉到支撐的浪板下。如果水族箱中有喜好挖掘的魚，也會造成問題，像慈鯛，牠們的挖掘活動會損壞石礫床的功能。

在有底質過濾的水族箱中可以養植物，但較不適合，因為很難在清理石礫時不破壞到植物，而且植物根部的生長也會阻塞石礫床。同時，流經植物根部的水流並不自然，會影響養分吸取。

另一種設計變化，稱為逆流底層過濾(RF-UGF)，針對底層過濾的主要缺點，先以機械方式過濾水，防止石礫中污垢的增長。在水被帶進與帶出石礫床之前，會先用過濾筒或特殊的沉水馬達來過濾水。

只單用逆流底層過濾，會造成循環或水面波動微弱，並有低氧的問題產生。所以建議使用額外的曝氣和循環系統。

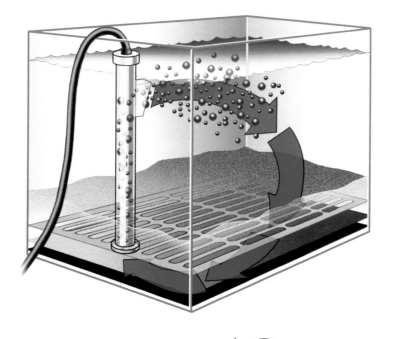

左圖：底質過濾器將水帶進水族箱底面的石礫床，裡頭有大面積的區域，來產生生物過濾。

內置型電動過濾器

內置型電動過濾器，是大約 180 公升（40 英制加侖）的中小型水族箱最普遍的選擇。

相對有快速的流動率，這種過濾器提供了很好的機械過濾。雖然生物媒介的相對容量較小，但用於一般群居型水族箱的設備，應該是足夠了。如果水族箱較擁擠，或是有大型魚和進食混亂的魚類，或許就須要加第二個過濾器，或用大一點的過濾器。內裝的海綿通常可以提供機械和生物過濾。

有些較新的電動過濾器設計是組合式的，或可提供額外空間放活性碳或其他特定媒介。額外的特性可能包含可調整的出水方向、可變的流動率和可選用的文式管附著器，把氣泡加進出水口的水流中。

必須經常清理內置型電動過濾器，通常是每隔一到二週。如果須要更頻繁的清理，則表示水族箱可能過度擁擠，或是過濾器還不夠大到可以應付這樣的水族箱。

清理是相當簡單的工作，要使水流恢復清新，通常只要在水族箱的水中擰壓海棉（這是為了避免傷害硝化細菌）。有些設計會包含有成對的海綿，可以輪流清理（或更換），避免成熟生物媒介流失。

較大水族箱可以用一個以上的過濾器，或是兼用另一個外置型過濾筒，這樣的效果也很好。特別在美國，很多人使用 HOT ／ HOB（外掛式／後掛式）電動過濾器，內置型電動過濾器和它們有很多相似的地方，只是進出水管位在水族箱裡面而已。它們的過濾媒介是以盒匣為主，以便更換。可惜，因為必須定期完全換掉媒介的關係，很多較初期的設計，並沒有包含生物過濾區域。這個缺點已在一些新設計中做了改進。

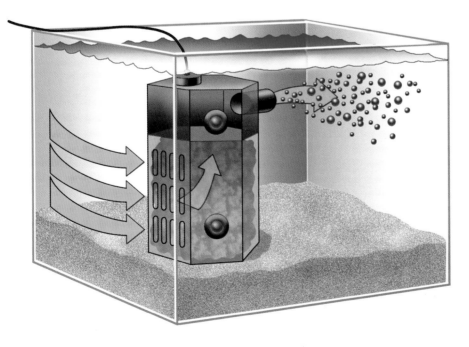

左圖：內置型電動過濾器，通常以海棉媒為介，可當作機械或生物過濾的工具。抽水馬達製造的水流比氣動設備強。

熱帶魚寶典

外置型過濾筒

　　在大部分情況中，外置型過濾筒應該是大於約 180 公升大型水族箱的過濾器之首選。媒介的容量，比內置型電動過濾器大了許多，可讓你為特定的設置，選取最佳的媒介組合。

　　過濾筒位在水族箱外面，所以在清理時，並不會打擾到水族箱。比起較小的內置型過濾器，較大容量的外置型過濾器就不必經常清理。水族箱裡只看得到進、出水管，而不是連過濾器都看得到。必須把過濾筒的位置，放在水族箱的水位之下，所以要留適當的空間在水族箱下。

　　在打開外置型過濾器開關前，須先注水。幫空的過濾筒注水很簡單，在擺設和連接好所有水管後，打開任何裝上水管的水龍頭，並開啟注水器，讓水開始流進筒子內。當筒子滿了，水就會沖入出水管，這時，開啟電動開關。或許會有一些空氣被困在過濾筒中，造成馬達葉片有噪音，這應該會自動排除，有時輕輕搖晃或使過濾筒傾斜便會有幫助。

小型氣動過濾器

　　氣動過濾器分為兩個主要類型：

　　氣動式海棉過濾器，是用簡單的上升氣泡原理，將空氣透過一塊小海綿來過濾。只有有限的機械過濾，但其生物過濾卻很適合小型水族箱，尤其是繁殖和培育魚苗的水族箱。不像電動過濾器，它並不會吸入小魚苗。此外，成熟海綿的表面，提供了微生物宿主，讓小魚苗食用。

　　氣動式過濾箱，運作原理也很類似，但容許使用他種媒介。如果須要，可以結合機械、生物和化學過濾。這種過濾器對繁殖培育箱很有幫助，對隔離箱或當大型水族箱的補充過濾器也是。可用一層羊毛過濾片做起始的機械過濾，如果需要，再加入生物媒介或碳來過濾。

　　這兩種氣動式過濾器，用了不貴又簡單的方法，即以一個大的空氣幫浦，過濾好幾個小水族箱。

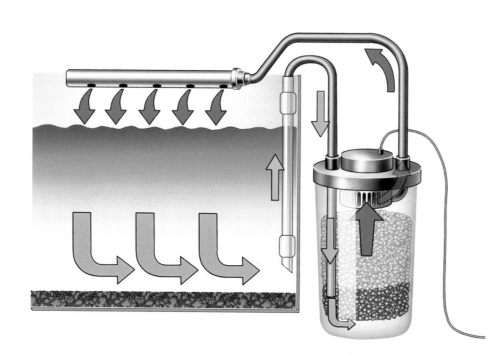

左圖：外置型過濾筒，用進水管從水族箱中取水，水被引入位在筒中的些許種媒介中，然後再被抽回水族箱裡。

流體化沙床

流體化沙床是有效的生物過濾，尤其當你需要有效的生物過濾，卻不要過多額外的循環時，就非常有幫助。

這樣的過濾，是以持續流動的沙床為基礎，提供了很大的表面積讓細菌殖居。沙持續的擺動，讓廢料和沙粒子中殖居的細菌有效接觸。

雖然沙床是很有效的生物過濾，卻不能去除固體粒子，必須先有良好的機械過濾，才會起很好的作用。過濾器本身通常沒有附馬達，可用內置型或外置型電動過濾器來啟動，或用有過濾匣的沉水馬達，來提供事先必要的機械過濾。

這種過濾器只能提供有限的循環，因為要讓沙子流體化，又要避免過濾器的沙子流失，則必須控制水的流動率。大部分情況中，最好再添加一個過濾器，以做額外的循環和機械過濾。

滴流式過濾

滴流式過濾的設計，涉及一系列的媒介托盤，一一相疊，變成一個「滴流塔」，裡面裝滿了塑膠生物媒介。這可以是獨立的過濾，或是形成大型過濾系統的一部份，像是蓄水式過濾。

滴流式過濾的加強生物過濾效果，靠的是「濕／乾」原理。流經媒介的水，暴露在空氣的氧當中，可增加氨和亞硝酸鹽轉化（氧化）成硝酸鹽的效能。這種過濾，可能對有水草的水族箱較不受歡迎，因為經常和空氣接觸，會快速流失水草生長所需的二氧化碳，

蓄水式過濾

蓄水式過濾系統，是由主水族箱下方的外置蓄水槽（通常是一個小玻璃缸）所組成。重力將水從滿溢盒或蓄水堰中排出，蓄水槽中的馬達，再讓水回到主水族箱。這種過濾法適用於大型水族箱，因為可以量身訂做，所以一般都會有蠻大的媒介容量。

蓄水池也可增加過濾系統中的水總量，因此可在裡面擺設備，像是加熱器，來減少主要展示水族箱的雜亂程度（對於防止大魚可能弄壞設備的情形，也有幫助）。

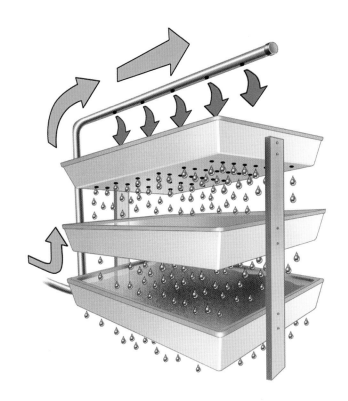

左圖：滴流式過濾可以提供非常有效的生物過濾，因為當水流經生物媒介時，會暴露在空氣中並與大量的氧接觸。

佈置

佈置，不但是為了加強水族箱的美觀，也是為了給魚提供一個安全又自然的環境。雖然不可能在水族箱中，再精確地創造出許多自然的生態棲地，但卻可以提供一些適當的佈置。所以，就值得讓我們查出一些關於想養魚類的自然環境。

市面上有很多人造裝飾的種類，建議你只買水族箱專用的產品，其他產品在水中可能會釋放顏料或掉漆，對魚可能有害。裝飾的種類很多，從沉船和骷髏，到看起來較天然的，像人工石頭或纏繞的樹根。只要對魚安全，你的選擇只限於自己的品味了。

背景

在水族箱上搭設背景，會讓魚更有安全感，因為不會有全方位暴露的感覺。背景的選擇，也會讓水族箱的外觀大異其趣，不但可以佈置，還可遮蓋水族箱背面的牆壁，和後面裝設的電線或配管。

一般搭設背景的方式，是把捲筒式背景附在水族箱外面。它有多種高度以適用不同的水族箱，設計也很多樣化。有些捲筒式背景是雙面的，可以偶爾更換背面景色。對某些人來說，這種背景可能看來太閃亮或造作，但大多能對水族箱佈置提供恰當的背景。有些設計更加了霧面處理，讓你巧妙的擁有立體外觀。

右圖：市面上有各種不同的水族箱背景，最簡單之一，是捲筒式背景膠片，可以附在水族箱的外面。

右頁圖：底砂材料的樣本，從左至右：碎貝殼、河砂、碎珊瑚、彩色礫石和黑礫石。

有些廠商還生產有紋理的立體背景，可放在水族箱裡面。在裝滿水族箱以前，必須先把這些背景永久定位。有些立體背景雖然很貴，但確實給了水族箱引人入勝的外觀。

其他的背景選擇，包括用矽膠接著劑，將平面的天然材料例如石板，固定在背面的玻璃。有的可選擇在水族箱背面，漆上永久素色，而深色像是各種藍陰影、深綠或平光黑，也會有良好的效果。

底砂

為水族箱底部所選的底砂材料，應是既美觀又實用的。在某些情況中，像是隔離箱或魚苗培育箱，可能用容易清理的空玻璃底面，會更合適。然而在大部分的造景裡，底部最好有石礫或沙子，因為可以給魚自然的環境，而且提供了廣大的表面積來培養必要的細菌，以分解廢物。

有些底砂材料，可能會增高水族箱裡水的硬度和 pH 值，在很多裝配中，這些材料就可能不受歡迎，除非你養的是硬水魚，像非洲慈鯛，在這種情況下，你就可能為此而選用這種底砂和裝飾。

珊瑚石、珊瑚砂，甚至是一般的小石礫，都會讓水質變硬。沙子、細石英砂或其他特別以「安定」特性來販賣的礫石，是軟水裝配中較安全的選擇。

水族箱的底砂，有很多種顏色和大小等級。會選什麼，大多決定於個人品味，但在大部分的造景中，自然的顏色比明亮豔麗的顏色，看來更賞心悅目。底砂的大小也很重要，大顆的礫石，可讓殘餘物更容易掉到礫石間。常被運用的是小礫石（大小約 3～5 公分），細礫石在有水草的水族箱中很實用。所有的礫石應該要平滑鋪設，以避免底棲的魚類受傷。

細沙也很適合作底砂。標準的水族箱用沙子、兒童玩沙和細的園藝用銀沙都很適合，而且通常特性安定。不要用建築沙，因為可能質地不純，也可能會影響水的化學性質。對很多底棲的魚類來說，沙子是底砂之首選，尤其是那些喜歡篩檢底砂來找食物或部分埋藏在裡面的魚。

石塊

可以用石塊來製造水族箱佈置的效果：把水族景觀分隔成獨立的區域、製造洞窟，或純粹的美化水族箱景觀。你可以用圓卵石來模擬石頭河床，或圍繞著水草根部，以防止被魚挖起的可能。有些造景中，石塊可能會主導水族箱的佈置，例如為非洲三湖慈鯛所準備的水族箱。

  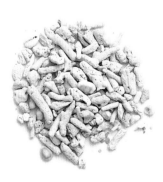  

石塊的選擇很重要。市面上有很多種類，但使用於水族箱中，不是全部都安全，有些石塊可能會使水質變硬且增加pH值，對軟水魚來說，就不受歡迎。（如果水族箱裡只有生活在硬水的魚，像非洲三湖慈鯛和中美胎生鱂，就不必擔心，事實上，還可能對牠們有好處。）石灰岩和其他以石灰質為主的石材，會增加水的硬度和pH值，而石板和花崗石的特性就較安定。很硬的石灰岩，可能幾乎不會釋放硬化鹽分，但質地較軟的石灰岩，像易碎的凝灰岩，就一定會影響pH值和硬度。另外，要避免用上面有明顯銀色金屬紋理的石塊，因為它在水中會釋放有中毒程度的重金屬物。

注意，越硬和越鹼的水，就越不會濾出石塊的鹽分。如果水族箱一開始就是硬水，便幾乎沒有影響，即使對石灰岩為主的石塊也一樣。另一方面，軟水和偏酸的水，會造成較明顯的物質釋放。

木頭

可用木頭做部份的水族箱佈置，特別是與水草做組合，看來效果會很好。市面上有賣很多種水族箱用的沉木，也可收集樹枝來用在水族箱內，要用枯枝，並去除樹皮。適合的木頭有山毛櫸、樺木和梣木。

應先把要用的木頭，放在水箱中浸泡數週，並定期換水。這樣就可從木頭中濾出一些丹寧酸，不然水族箱的水會變色。如果還是有變色的情形，可在定期換水時，換更多的水來逐漸改善。如果在過濾器中加活性碳，會幫助更快地除去單寧酸。

濾出的單寧酸並沒有害處，事實上，和泥炭土釋放的物質及「亞馬遜植物萃取」所找到的物質相似，它可以製造軟水的性質。但在某些情況下，會造成不想要的pH值下降。

左圖：層狀石塊、平滑的石頭、有坑洞的火山岩或以石灰岩為主的石塊，都可以在恰當的佈置下，將水族景觀分區。

下圖：從上至下依序為沉木、浮木和纏繞的樹根，在幫水族箱做景觀時，可用來製造很好的效果。

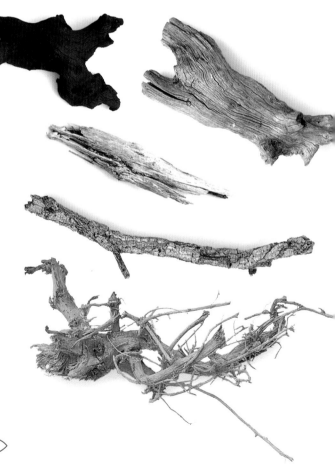

水草

　　有人說活水草是水族箱佈置的極致表現。有美麗水族景觀的水族箱，相當具有視覺吸引力，也為魚製造了完整的生態系統。

　　水草在水族箱中，也表現了其他有用的功能：白天時，在水中生產氧，能分解氨、硝酸鹽和磷酸鹽，因此改善水質和降低水藻的生長。水草還可吸收其他潛在的毒素，像重金屬。以下是一般可找到的水族水草精選：

一般的水族水草

榕類水草

原產地：非洲
光線：普通
水溫：攝氏 20~30 度（華氏 68~86 度）
水質：理想水質為中軟和偏酸，可容許較硬的水。
註記：生長緩慢，可附著在沉木或石塊上。

縐邊草

原產地：東南亞
光線：明亮
水溫：攝氏 15~32 度（華氏 59~90 度）
水質：不拘；理想水質為中軟和偏酸的水。
註記：生長快速；模樣很吸引人。

細葉水芹（印度水蕨）

原產地：東南亞
光線：明亮
水溫：攝氏 20~26 度（華氏 68~79 度）
水質：理想水質為軟水和偏酸，可容許較硬的水。
註記：可在水裡生長，或當漂浮水草。

皇冠草類（亞馬遜澤瀉）

原產地：南美
光線：普通到明亮
水溫：攝氏 15~30 度（華氏 59~86 度）
水質：不拘；理想水質為中軟、偏酸到中性的水。
註記：有很多相似種類；肥沃底砂中可生長得很茂盛。

針葉皇冠（細皇冠）

原產地：北美、南美
光線：普通
水溫：攝氏 15~26 度（華氏 59~79 度）
水質：不拘
註記：很好的前景水草；在理想環境中會快速生長。

青葉草（印度水蓑衣）

原產地：東南亞
光線：明亮
水溫：攝氏 15~30 度（華氏 59~86 度）
水質：不拘
註記：耐養易生長。

四輪水蘊草
（密葉水蘊草，水蘊草）

原產地：中南美
光線：明亮
水溫：攝氏 10~25 度（華氏 50~77 度）
水質：不拘；有硬水和偏鹼水質更好。
註記：生長快速；維護需求低。

寶塔草（石龍尾）

原產地：東南亞
光線：明亮
水溫：攝氏 22~28 度（華氏 72~82 度）
水質：不拘
註記：生長極快且環境要求不高。

大葉菊（水紫藤）

原產地：東南亞
光線：明亮
水溫：攝氏 20~30 度（華氏 68~86 度）
水質：不拘；理想水質為中軟和弱酸的水。
註記：生長快速；維護需求低。但常被草食性的魚吃掉。

葉底紅

原產地：北美
光線：明亮
水溫：攝氏 15~26 度（華氏 59~79 度）
水質：不拘
註記：生長快速；維護需求低。

鐵皇冠（爪哇蕨）

原產地：東南亞
光線：少量到普通
水溫：攝氏 20~25 度（華氏
　　　68~77 度）
水質：不拘；維護需求低。
註記：很耐養；應附著在沉木
　　　或石塊上。

都替水蘭（扭蘭）

原產地：廣泛分布在熱帶和亞
　　　　熱帶區
光線：明亮
水溫：攝氏 15~30 度（華氏
　　　59~86 度）
水質：不拘；硬水中生長良
　　　好。
註記：維護需求低；很好的背
　　　景水草。

紫荷根（虎百合）

原產地：非洲
光線：明亮
水溫：攝氏 22~30 度（華氏
　　　72~86 度）
水質：不拘
註記：葉柄會伸到水面；模樣
　　　非常吸引人的典型水
　　　草。

髮苔草（爪哇莫絲）

原產地：東南亞
光線：少量到普通
水溫：攝氏 20~26 度（華氏
　　　68~79 度）
水質：pH 值和硬度都不拘
註記：應附著在沉木或石塊
　　　上，會生長到整個表
　　　面。

小水蘭（水韭）

原產地：廣泛分布在熱帶和亞
　　　　熱帶區
光線：明亮
水溫：攝氏 15~30 度（華氏
　　　59~86 度）
水質：不拘；硬水中生長良
　　　好。
註記：要求不高；很好的背景
　　　水草。

維護和保健

有句熟悉的話「預防勝於治療」，用在水族箱和魚兒的健康，特別確切。如果肯花時間學習一些魚兒的需求和如何正確照顧牠們，那麼遇到疾病的機會應該會很少。

水族箱是個一直有疾病的有機體，但卻不常影響健康的魚。在魚受傷、虛弱，或因水質不良、牠魚侵犯或觸摸和搬運而造成的緊張時，就會受影響。

預防疾病的第一步，就是提供穩定良好的水質，水族箱應維持在特定不變的水溫，並適當餵食。然而，即使做了良好的水族箱維護，也會偶爾有不幸的疾病爆發。幸好很多普通的魚病是可以治癒的，尤其當你提早發現時。因此，應仔細觀察你的魚，並注意牠們的行為和外表有無任何變化。有些疾病會有非常明顯特殊的症狀（參照39~41頁），要注意的一般早期徵兆，包括沒胃口、身體顏色比平常暗或淡、魚鰓活動快速和磨蹭裝飾物。

換水

定期部分換水，應該是保持魚兒健康可以做的唯一最重要事項。水族箱中的廢物，像是硝酸鹽，會快速累積，對魚的健康和活力有負面影響。

保持在定期的時間換水，千萬別等到水族箱看起來髒了或魚兒似乎不舒服了才更換。每兩週約換四分之一的水族箱水量，是很合理的最低限度了。不要一個月才換一次水，最好常常更換少量的水，而不是久久換一次大量的水。

有些魚種或水族箱設置，需要每星期更換20~25％的水才可以把水的化學性質改變或降到最低，如此也會減少魚的緊迫。這樣設置的水族箱有：

- 過度擁擠的水族箱，已接近魚數量的最高限度。
- 小型水族箱的小水量，代表廢物累積程度可能快速升高，而且水族箱本身就比較不穩定。
- 水族箱裡有大魚，尤其是進食混亂的魚，像大慈鯛和掠食魚類，需要食用很多高蛋白食物。

用來繁殖和培育魚苗的水族箱。有報告指出，當實施經常性換水後，生長速率便改善了。

養成定期檢查硝酸鹽的習慣，因為水族箱的硝酸鹽含量，是檢查換水次數是否足夠的有效指標。硝酸鹽含量最好維持在 50 毫克／公升（ppm 百萬分率）以下，低於 25 毫克／公升更好。如果硝酸鹽含量明顯大於 50 毫克／公升，可能就須要增加換水的次數。（可用特定的樹脂或厭氧過濾系統來降低硝酸鹽含量。）

換水時，利用虹吸管盡可能地在底砂中吸出最多的污垢和殘餘物。這樣可防止因腐爛而增加的硝酸鹽和磷酸鹽的廢料含量。

如果有礫石，可把礫石虹吸管伸進底砂裡，以定期吸出污垢。清理沙子，則可用簡單的虹吸管放在沙子表面上方，只需稍微練習，就可很容易吸走殘餘污垢（大部分都留在表面），而不會大量吸走沙粒。

餵食

魚需有正確的飲食，才會長得健康。有些魚什麼都吃，有些魚則是專門的食客。草食性魚類主要是吃植物，如果常餵牠們高蛋白食物，可能會害了牠。同樣的，有些魚原本是肉食性的，牠們只吃肉類食物。

現在市面上的飼料種類很廣泛，加上家用蔬菜和冷凍或活的食物，都可提供大部分觀賞魚的飲食需求。

乾燥水族飼料，像薄片、圓球和顆粒飼料，都可當作許多魚的良好主食。對於魚飼料的營養需求研究，也力求均衡，並保證含有維他命和蛋白質成分。但不是所有的魚都吃乾燥水族飼料，有些魚種可能需要餵冷凍或活的食物。冷凍、乾燥冷凍和活的食物也能讓飲食多樣化，可用來讓魚進入繁殖的狀態。

右圖：乾燥飼料，有薄片、圓球、和棒狀，可提供許多魚部分的主食。
左上圖：良好的水質和恰當的設置，再加上適當的魚種，可長遠防止水族箱出問題。

餵食的量和次數

對於很多共同群居的魚來說，每天少量餵食一到兩次就足夠了。幼小魚苗可一天少量餵食好幾次，成年魚一次就好。每一兩星期就隔一天餵食，很有益處。

食草魚，像是食藻魚和其他草食魚，就要持續餵食。在某些情況下，或許水族箱中天然生長的藻類，可當作供給。大型肉食性或掠食性魚類，就不需那麼頻繁地餵食。另一方面，幼魚則需每天餵食一次，而當魚成長時，餵食次數則要間隔一天。成年的掠食魚可能只需每星期餵食一到兩次，因為牠們很容易過度放縱，長期如此，有可能會導致健康問題而減短壽命。

在自然環境中，魚必須要努力才找得到食物，有些時候還可能食物短缺。這和水族箱裡每天都有食物過剩，形成了強烈的對比。每當魚「看起來很餓」時，你就會很想餵魚，而魚可能的確如此！健康的魚從不拒絕適合的食物，所以，如果水族箱底有剩下過多的食物，就可能是餵食過量了。（分解緩慢的飼料錠或給底面覓食或草食性魚類的家用蔬菜，則屬例外。）

餵食過量也會影響水族箱的水質，尤其是新設置、過於擁擠、用不恰當的過濾系統，或不常部分換水的水族箱。餵食過量最嚴重的後果之一是氨或亞硝酸鹽含量升高，尤其是在未成熟的水族箱裡。已經運行一段時間的成熟水族箱，硝酸鹽含量偏高和 pH 值降低則是常見的問題。（參照 16~18 頁）

餵食過量也會減少魚的壽命，尤其是以肉食性魚類來說，餵食哺乳類牲畜的肉品，例如牛心，會導致內臟周圍的脂肪囤積，像是肝臟。

在野外，魚並沒有定期的食物供應，所以你幾天沒有餵食，對魚並無害處，甚至如果外出度假超過一星期也無妨。如果更長的時間無法餵魚，則有其他的選擇。「假期飼料塊」，可藉由緩慢溶解於水中的方式來溶化飼料。但要小心使

左圖：馬拉威慈鯛是耐養的魚類，很少受疾病困擾。岩棲的孟普那（mbuna）族群最普遍爲人所飼養，應提供較多比例的植物作爲牠們的食物。

用，事先最好測試一下。當你不在時，或許可以找親友來餵魚。事先準備好正確的每日份量可能會有幫助，把它裝在小的密封袋中，寫正確日期，就不會有不小心餵食過量的情形。另外還有自動餵食器，可在預設間隔送食。

疾病

在這一章節中，可能無法包含完整範圍的魚病診斷和治療。不過，大部份水族箱的疾病發生，來自於少數的一般性感染，在這裡都會列出。

細菌性疾病

細菌性疾病有好幾種形式，可能是外部感染，造成像魚鰭腐爛（爛鰭病）、眼睛混濁、一般潰瘍和口腐爛（柱狀病）的症狀。

如果及早發現，這些外部感染通常都可治癒。任何水族商店都可買到市售的抗菌藥物，很

多國家需要有動物醫師處方才買得到抗生素，但在美國則是都可買到。

細菌感染也有內部的。像腹水症的情況，就是內部細菌性疾病的一般症狀，雖然也有可能是其他原因造成的。腹水症的主要症狀是身體腫脹，伴隨著鱗片凸出而有「松果」般的外貌。通常，治療內部細菌性疾病相當困難，特別是有嚴重症狀時。

上圖：錨蟲；白點病；條紋魚蚤。

眞菌感染

真菌感染幾乎都是二次感染，也就是發生在其他感染源造成主要傷害或身體受傷之後。被尖銳的水族裝飾刺傷、網魚時粗魯的處理或緊接在寄生蟲或細菌的主要感染之後，這樣的情形下魚或許會被真菌感染入侵。

真菌一般不會出現在健康的組織上，也不會散佈給其他健康的魚。真菌感染會出現毛絨、棉毛狀的生長物。有些細菌感染看來與真菌感染相似，因為它們都有灰白的絲狀物。

市面上的藥物有很多類型，同時治療了細菌和真菌感染，在診斷錯誤時可提供防備。要盡可能隔離感染的魚，並根據廠商的用法說明，以抗真菌藥物治療。

原生蟲寄生蟲病

寄生蟲病，通常會在一個水族箱區域裡，高度接觸傳染。最常見的寄生蟲病有白點病（白點蟲病或纖毛蟲病），出現在魚鰭上的白點，有鹽粒般大小，後來會擴展到全身。絲絨症（卵圓鞭毛蟲症）會有小的灰白粉末狀斑點。皮膚黏液症

（由口絲蟲，斜管蟲，車輪蟲引起）會出現白灰色薄膜。

寄生蟲還會刺激魚兒，造成牠們用身體摩擦水族裝飾，也或許有夾鰭或魚鰓快速拍動的情形。可用市面上的抗寄生蟲病藥物，治療這些感染。

大型寄生蟲像錨蟲（錨頭魚蚤科）和魚蚤（魚蝨）在熱帶水族魚中比較少見，但偶爾會在野生捕捉的魚中看到。

病毒性疾病

在水族魚中，對病毒性疾病的所知相對甚少。在沒有明顯環境問題或疾病症狀時，病毒或許有可能是離奇死亡的原因。一些病毒性疾病，很有可能只侷限在單種魚種或近親品種間。

治療

使用任何藥物時，要確定完全遵照用法說明。一般來說，一次不應使用超過一種藥物，除非有特別標明表示這樣做是安全的。

如果有某隻魚被疾病入侵，那麼最好在醫療箱／隔離箱裡治療。然而，或許也有必要替主要水族箱進行整理。尤其是寄生蟲病，像白點（白點蟲病）就會有許多生命循環階段。

一定要完成整個藥物的療程，即使是症狀已經消失。不完整的療程無法將感染症就完全消滅，而且會製造出疾病有機體的抗藥品種。

疾病症狀表

下表略述了一些在比較常遇到的魚病中，所觀察到的徵兆和症狀。

圖例：■ 疾病的確切徵兆　　▨ 疾病的可能徵兆

症狀	爛鰭	白點病	絲絨症	皮膚黏液症	柱狀病	真菌感染	大型寄生蟲 例如吸蟲	腹水症	體內寄生蟲病
魚鰭有磨損邊緣	■				▨				
棉毛狀生長物						■			
嘴腐蝕					■				
身體潰爛					■			▨	
白色「鹽粒狀」斑點		■							
細微粉末狀小斑點			■						
身上有灰白薄膜				■	■				
夾鰭		■							
魚鰭快速拍動		▨	■				▨		
在裝飾上摩擦		■	■	■			■		
身體腫脹								■	▨
魚鱗突出								■	
消瘦									■
脊椎彎曲									■

造景

　　至少在買魚前好幾天，就應該設置水族箱。這樣就有時間讓水穩定，你也可以檢查是否所有設備都能正常運作。

　　當你對水族箱的陳列滿意了，就可以開始加水。用水管可能會比水桶容易，不論用哪一種方法，試著緩慢地加水，可以把水導向石塊或在水族箱中放一個盤子，這樣就可防止攪動到底砂。記得在使用新的自來水前，一定要先去氯。

　　然而，沒有必要等上超過一個星期再來加

魚，沒有魚或是沒有氨的替代來源，水族箱就不會開始適當地成熟化（參照 25、36、38頁）。

上圖：替水族箱造景是設置水族箱的樂趣之一，而且為創造力的運用提供了許多機會。

1

確定水族箱是放在穩固平坦的表面上。在水族箱上加上背景，讓魚更有安全感。

2

將水族箱底部的礫石或沙子做
清洗。左圖，礫石正加在底質
過濾器的底部浪板上。

3

加石塊、木頭和任何其他需要
的佈置。確定所有的石塊都牢
固擺放，不會掉落。

4

用水管加水，或慢慢把水倒在
盤子上，或用類似的方法避免
攪動到底砂。

造景建議

這裡有一些建議，可做為造景的出發點，啟發你創造出水域主題或生態棲地的水族箱，來表現自然棲息地。

赤道河流

棲息地：亞馬遜「黑水」

佈置：沙子作為底砂，一些大型沉木，一點小細枝或樹枝。無水草。

水質參數：

水溫：攝氏 24~26 度（華氏 75~79 度）

pH 值：6.0~6.9

硬度：GH1~3 度（一般硬度），KH2~3 度（碳酸鹽硬度)

建議水族箱尺寸：最小 120 × 46 × 46 公分（48 × 18 × 18 英吋）

過濾：外置型過濾筒

換水：每星期換水 25 ％

餵食：薄片或顆粒飼料、各種活的和冷凍食物。以植物為主的薄片飼料和家用蔬菜，來餵食銀板魚。另外要包含沈底海藻片，以補充鯰魚（棘甲鯰或甲鯰）的飲食。

建議魚種：

6 隻平凡銀板魚或銀臼齒銀板魚（銀板魚）

2 隻巴西珠母麗魚（西德藍寶石）

上圖：亞馬遜河岸，巴西。

4 隻斑擬脂鯰（豹貓）

2~3 隻甲鯰（吸口鯰）

附註：每星期換水可幫助防止因低碳酸鹽含量而造成 pH 值速降。在範例中選用了大型魚類，但在小水族箱中，可用燈魚和甲鯰。

沉木會濾掉單寧酸，而且模擬了外觀深茶色的亞馬遜黑水。你可以用市面上賣的黑水劑或用泥炭土來過濾水族箱的水。

激流

棲息地：水流快速的河川。淺水在石頭河床中快速流動，一些木頭卡在石塊間，即使水流強勁，有些水草還是附在石塊裡。可以是南美、亞洲、或非洲主題。

佈置：用圓石頭，一些浮木，些許水草像是榕類，附在石塊或木頭中。

水質參數：

水溫：攝氏 24~26 度（華氏 75~79 度）

pH 值：6.5~7.5

硬度：GH5~10 度（一般硬度），KH3~6 度（碳酸鹽硬度）

建議水族箱尺寸：最小 150 × 38 × 46 公分（60 × 15 × 18 英吋）

過濾：內置型電動過濾器

換水：每星期換水 25 %

餵食：薄片或顆粒飼料、各種活的和冷凍食物。每天餵食 1~2 次。

建議魚種：

非洲主題：

一小群的長身猴頭（非洲河產慈鯛）、黑皇冠鳳凰、斑節貓。

上圖：淺水激流

附註：可用兩個電動過濾器，裝在水族箱的兩端以提供強勁的水流。

熱帶湖 1

棲息地：馬拉威湖的石岸，位在東非大裂谷，是孟普那族群（馬拉威岩棲魚）的產地。

佈置：以大量石塊覆蓋水族箱的背面和兩側，正面有開放的游水空間。將石塊佈置成許多有出入口的開放洞穴，讓受干擾的魚方便脫逃。

水質參數：

水溫：攝氏 24~26 度（華氏 75~79 度）

pH 值：7.5~8.5

硬度：GH7 度以上（一般硬度），KH10 度以上（碳酸鹽硬度）。充分充氧。

建議水族箱尺寸：最小 120 × 38 × 46 公分（48 × 15 × 18 英吋）

上圖：岩石湖濱

過濾：外置型過濾筒和內置型電動過濾器

換水：每星期換水 25~30 ％

餵食：藍藻／植物薄片、綠球藻飼料、糠蝦、豐年蝦、水蚤。每天餵食 2 次。避免高蛋白肉類食物。

建議魚種：

最好每種魚養三到五隻，一隻公魚和兩到四隻母魚。

在 120 公分（48 英吋）的水族箱：

紫羅蘭

非洲王子

彩虹鯛

金帆王子

索氏擬麗魚

蘇氏擬麗魚（藍雀）

在 120 公分（48 英吋）及更大的水族箱：

閃電王子

屈氏突吻麗魚（紅鰭鯛）

宏碁鑷麗魚

金藍王子

雪中紅

藍閃電

閃電戰神

熱帶湖 2

棲息地：坦干依喀湖的石岸和開放砂區，東非大裂谷。

佈置：用大的平滑石塊或石板片，分堆佈置，以製造分開的區域。以沙子為底砂，再撒上貝殼。

水質參數：

水溫：攝氏 25~26 度（華氏 77~79 度）

pH 值：7.8~9.0

硬度：GH10 度以上（一般硬度），KH12 度以上（碳酸鹽硬度）。充分充氧。

建議水族箱尺寸：最小 120 × 38 × 46 公分（48 × 15 × 18 英吋）；46~60 公分（18~24 英吋）的較高水族箱可養鯉形鯛。

過濾：外置型過濾筒和內置型電動過濾器

換水：每星期換水 20 ％

餵食：薄片和顆粒飼料、小慈鯛丸、紅蟲、糠蝦、豐年蝦、水蚤、蚊子幼蟲。每天餵食 1~2 次。

建議魚種：

1 對中型燕尾類，例如女王燕尾

1 對柳絮鯛類

約 6 隻卷貝棲魚類，例如金斑慈鯛

3 隻（1 隻公魚和 2 隻母魚）皮氏岐鬚鮠

上圖：大湖就好像內陸的海洋，浪潮會拍打岸區。

高的水族箱

一群藍劍鯊，6~12 隻，依水族箱尺寸而定，每有一隻公魚就應約有三隻母魚。

可把柳絮鯛換成纖細的燕尾類，像檸檬天堂鳥或藍九間天堂鳥。這些魚類較有侵略性，所以卷貝棲魚類不要太小隻。

附註：坦干依喀湖是很大的水域，有 676 公里（420 英里）長，是全世界第二深的湖泊，所以水質很穩定。應盡力維持水族箱內水質的穩定和高品質。

水 草 水 族

棲息地：非特定的自然棲息地，主題可以是東南亞或南美。

佈置：選活水草和兩三個沉木來佈置周圍的水草。細緻的底砂和明亮的光線。

亞洲主題：前景用水蓑衣、田香草、苦草和椒草。

南美主題：皇冠草（亞馬遜澤瀉），前景用針葉皇冠（細皇冠），水面放水龍（亞馬遜夫羅克）。

水質參數：

水溫：攝氏 24~26 度（華氏 75~79 度）

pH 值：6.5~7.2

硬度：GH4~8 度（一般硬度），KH3~5 度（碳酸鹽硬度）。

或可添加二氧化碳。

建議水族箱尺寸：最小 120 × 38 × 46 公分（48 × 15 × 18 英吋）

過濾：外置型過濾筒

換水：每一到兩星期換水 20 %

餵食：薄片和顆粒飼料、各種活的和冷凍食物、植物成分飼料。每天餵食 1~2 次。

建議魚種：

東南亞主題：

上圖：緩緩流水與水中植被

6 隻黑帶無鬚魮（鑽石黑三間）

8 隻閃電斑馬（珍珠魞）

4 隻條紋沙鰍（斑馬鰍）

5 隻暹羅穗唇魮（黑線飛狐）

南美主題：

10 隻紅吻半線脂鯉（紅鼻剪刀）

6 隻紅魾脂鯉（紅衣夢幻旗）

2 隻拉式小食土麗鯛（荷蘭鳳凰）

6 隻甲鯰

6 隻縱帶篩耳鯰（小精靈）

附註：在水中加二氧化碳並非很重要，但可促進植物生長，而且會產生些微的酸性來中和 pH 值。

半鹽生紅樹林沼澤

棲息地：淡水接海水的區域，以紅樹林為主。

佈置：幾把樹根或樹枝，佈置成像紅樹林的根生長到水裡的樣子。

水質參數：

水溫：攝氏 24~28 度（華氏 75~82 度）

pH 值：7.0~9.0

鹽度：1.005 的比重（ＳＧ）。等魚長大後，以下較大的水族箱需用到 1.015 的比重。

硬度：非常高，因為海鹽的關係。充分充氧。

建議水族箱尺寸：最小 120 × 46 × 46 公分（48 × 18 × 18 英吋）；180 × 46 × 60 公分（72 × 18 × 24 英吋）的大水族箱可養金錢魚或銀鱗鯧。

過濾：大型外置過濾筒和內置型電動過濾器

換水：每一到兩星期換水 30 ％

餵食：薄片和顆粒飼料；蟲類，包括蟋蟀、紅蟲、糠蝦、豐年蝦、和蚊子幼蟲。如果水族箱有養金錢魚（黑星銀鮢）和銀鱗鯧（銀大眼鯧或油脂大眼鯧），需加大量的植物性食物。每天餵食 1~2 次。

建議魚種：

一群 4~5 隻的射水魚（高射炮）

上圖：典型的紅樹林棲息地。

1 對黑點尖蝦虎（珍珠雷達）

3 隻（1 隻公魚和 2 隻母魚）雙斑四齒魨（8 字娃娃）

較大的水族箱，可以不養以上提到的魚，而養成年高射炮和：

5~6 隻黑星銀鮢（金錢魚）

5~6 隻銀鱗鯧（銀大眼鯧或油脂大眼鯧）

3 隻（1 隻公魚和 2 隻母魚）河四齒魨（金娃娃）

3 隻（1 隻公魚和 2 隻母魚）西曼海鯰（海鯰）（金剛鯊）

附註：用高品質的海鹽調配，讓水略具鹽度或呈半淡鹹水。換水時，海鹽必須事先溶解，再加到水族箱裡。

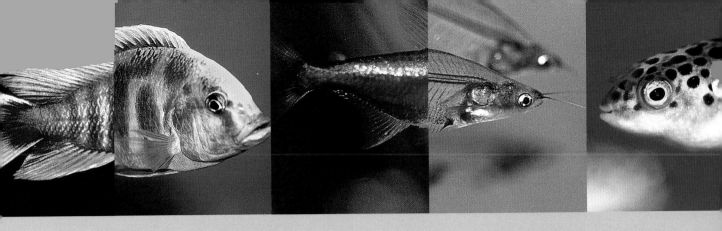

熱帶魚種指南

Tropical Fish Species Guide

攀鱸魚

　　攀鱸魚，或一般所知的迷鰓魚，都有一個共同的特徵，就是迷鰓器官。這可以讓牠們從水面呼吸空氣，在低氧環境中生存，可有良好的適應力。

　　大部分提供給養魚嗜好者的迷鰓魚，來自亞洲，少部分來自非洲。養魚者最熟悉的一類，應該是絲足鱸。這種魚大部分有特殊形狀的長觸鬚，是由延伸的腹鰭演化而來。絲足鱸有不同的大小，從小型和有點嬌小的種類，到需要大型水族箱的巨攀鱸（古代戰船）。

　　在絲足鱸科中還有一種鬥魚屬。雖然可買到的魚種很多，但很顯然，最受歡迎和最普遍看到的是暹羅鬥魚，也就是五彩搏魚，不過很不幸，牠們通常都在小型沒有過濾器的容器中販賣，更糟的是在裡面飼養。

　　較不熟知的迷鰓魚，至少對飼養群居魚類的人來說，還有烏鱧。這種魚有掠食性，通常好鬥，有些種類可以長得很大。不過不是每一種都這樣，有些可以做為很棒的水族魚。

攀鱸科（科名 ANABANTIDAE／科俗名 Climbing Gouramies）
吻櫛蓋鱸（學名 Ctenopoma acutirostre）
豹紋斑蓋鱸（俗名 LEOPARD BUSHFISH, SPOTTED CLIMBING PERCH）

20公分
8英吋

攝氏
23~28度
華氏
73~82度

90公分
36英吋

原產地：非洲──剛果流域
水族箱設置：最好是有水草的水族箱，放一些高梗水草和沉木塊。光線不要太亮，可用漂浮水草製造陰影。適度的水流。
相容性／水族行為特徵：有侵略性，會吃小魚。對同種魚有領域性，可能會怕較大或較有攻擊性的魚。
水質：中軟水，弱酸到接近中性（pH 值 6.0~7.5）。
餵食：肉食性；餵食肉類、冷凍，或活的食物，也可餵食薄片或圓球飼料。
性別區分：公魚身上有棘。
繁殖：會製造泡巢，需要強軟水和酸性水。很少有育兒照料行為。增加水溫或許可以促進產卵。

鱧科（科名 CHANNIDAE）
布氏鱧（學名 Channa bleheri）
七彩雷龍（俗名 RAINBOW SNAKEHEAD）

15公分
6英吋

攝氏
24度
華氏
75度

90公分
36英吋

原產地：亞洲──印度
水族箱設置：最好是水流和緩、有充足水草的水族箱。確認水族箱有密合的蓋子，因為這種魚是完美的逃脫藝術家！
相容性／水族行為特徵：是很溫和的魚類，只對同種魚或外型很像的魚有領域性，但不能與較小的群居魚一起飼養。
水質：不拘；只要避免極端就可。
餵食：冷凍、活的，或肉類食物，這種魚不吃乾燥飼料。
性別區分：沒有明顯差別。
繁殖：很少在水族箱繁殖。需要較高的飼養水溫。公母魚都會守護魚苗。

吻鱸科（科名 HELOSTOMATIDAE ／科俗名 Kissing gouramies）
鄧氏丁口魚（學名 Helostoma temminkii）
接吻魚（俗名 KISSING GOURAMI）

15 公分
6 英吋

攝氏
22~30 度
華氏
72~86 度

120 公分
48 英吋

原產地：東南亞——泰國和印尼

水族箱設置：大水族箱，有強壯的水草，充分的開放游水空間，緩和的水流。

相容性／水族行為特徵：可以養在大的群居型水族箱，不過會有領域性，尤其是對其他的絲足鱸類。

水質：不拘；中軟水到強硬水，pH 值 6.5~8.5。

餵食：雜食性；接受大部分的食物，應該包含一些植物類食物。

性別區分：實質上無法辨別。

繁殖：需到高範圍的水溫才會繁殖。或許會製造泡巢，沒有育兒照料行為。魚卵約 24 小時就可孵化。

絲足鱸科（科名 OSPHRONEMIDAE ／科俗名 Gouramies）
五彩搏魚（學名 Betta splendens）
鬥魚／暹羅鬥魚（俗名 BETTA ／ SIAMESE FIGHTING FISH）

7 公分
3 英吋

攝氏
24~29 度
華氏
75~84 度

75 公分
30 英吋

原產地：東南亞——柬埔寨和泰國

建議最小尺寸：一隻公魚須 30 公分的空間。

水族箱設置：平靜的水草水族箱，一些漂浮水草，溫和的水循環。

相容性／水族行為特徵：通常是和平的魚種，不過會有個別差異。一個水族箱只應養一隻公魚。避免混入咬鰭魚類，牠會以此魚延展的鰭做攻擊目標。

水質：不拘；中軟水到中硬水，pH 值 6.0~8.0。

餵食：肉食性；餵食小的活食物，也可餵冷凍食物和破碎飼料。

性別區分：公魚有延展的鰭。

繁殖：會製造泡巢。公魚會誘使母魚到泡巢下產卵。產卵後應移走母魚，公魚會守護魚卵，24 小時內應該就會孵化。要餵食非常細小的食物，例如幼小豐年蝦。

絲足鱸科（科名 OSPHRONEMIDAE ／科俗名 Gouramies）
拉利毛足鱸（學名 Colisa lalia）
麗麗魚（俗名 DWARF GOURAMI）

6 公分
2 英吋

攝氏
22~28 度
華氏
72~82 度

60 公分
24 英吋

原產地：印度

水族箱設置：有充分水草的水族箱，溫和的水循環和一些漂浮水草。

相容性／水族行為特徵：通常是和平的魚種，不過對其他絲足鱸類或相似魚類會有領域性，尤其在繁殖期。最好一對對的飼養。

水質：良好水質；軟水到中硬水，pH 值 6.5~7.5。

餵食：雜食性；接受大部分的食物，會主動奪取小型活的或冷凍食物。飲食中要包含一些植物類食物。

性別區分：公魚通常比母魚大和鮮豔，母魚傾向銀色。

繁殖：會製造泡巢。產卵後應移走母魚，公魚會守護魚卵和魚苗。要移走可自在游水的魚苗。

絲足鱸科（科名 OSPHRONEMIDAE ／科俗名 Gouramies）
蓋斑鬥魚（學名 Macroodus opercularis）
天堂魚（俗名 PARADISE FISH）

10 公分
4 英吋

攝氏
16~27 度
華氏
61~81 度

60 公分
24 英吋

原產地：東亞

水族箱設置：稍大的水族箱，有母魚的庇護所與溫和的水循環。

相容性／水族行為特徵：可以養在群居型水族箱，不過公魚會有攻擊性，一個水族箱只能養一隻公魚。

水質：不拘；中軟水到硬水，pH 值 6.0~8.0。

餵食：雜食性；餵食薄片和顆粒飼料，以活的和冷凍食物作補充。

性別區分：公魚比母魚顏色鮮豔，魚鰭也長很多。

繁殖：會製造泡巢。魚卵約一天孵化，公魚通常會守護魚苗。

絲足鱸科（科名 OSPHRONEMIDAE／科俗名 Gouramies）
絲足鱸（學名 Osphronemus goramy）
大攀鱸（俗名 GIANT GOURAMI）

| 70 公分 28 英吋 | 攝氏 20~30 度 華氏 68~86 度 | 180 公分 72 英吋 |

原產地：東南亞

水族箱設置：非常大的水族箱，用極少量的堅固佈置。

相容性／水族行為特徵：未成熟的魚相當有領域性，但通常會長成「溫和的巨魚」，就可以和其他大魚混養在適合的大型水族箱中。

水質：不拘；軟水到中硬水，pH 值 6.2~7.8。

餵食：雜食性；接受幾乎任何食物，大的顆粒飼料是理想的主要飲食，要包含一些植物類食物。

性別區分：公魚有比較尖的背鰭和臀鰭。

繁殖：據記述會用水草當材料來製造泡巢。魚卵約兩天孵化，公魚會守護魚卵和魚苗。

絲足鱸科（科名 OSPHRONEMIDAE／科俗名 Gouramies）
珍珠毛腹鱸（學名 Trichogaster leeri）
珍珠麗麗（俗名 PEARL GOURAMI, LACE GOURAMI, MOSAIC COURAMI）

| 12.5 公分 5 英吋 | 攝氏 23~28 度 華氏 73~82 度 | 90 公分 36 英吋 |

原產地：東南亞——馬來西亞、泰國、婆羅洲、蘇門答臘島

水族箱設置：有水草的水族箱，溫和的水循環和一些漂浮水草。

相容性／水族行為特徵：通常是比較溫和的魚類，但對其他絲足鱸類或相似魚類會有領域性。

水質：不拘；軟水到中硬水，pH 值 6.5~8.0。

餵食：雜食性；接受大部分水族食物。

性別區分：公魚有比較尖的背鰭，臀鰭有延展的鰭條，背鰭也有較小的延展鰭條。繁殖期間，公魚的底側會呈現較多的紅色。

繁殖：會製造泡巢。公魚會守護魚巢和魚苗。產卵時，成對的伴侶可能會對水族箱同伴產生攻擊性。

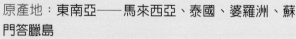

絲足鱸科（科名 OSPHRONEMIDAE ／科俗名 Gouramies）
小鱗毛足鱸（學名 Trichogaster microlepis）
銀馬甲（俗名 MOONLIGHT GOURAMI）

| 15 公分 6 英吋 | 攝氏 25~29 度 華氏 77~84 度 | 90 公分 36 英吋 |

原產地：東南亞──柬埔寨、馬來西亞、新加坡、泰國

水族箱設置：有水草的水族箱，相當溫和的水循環和一些漂浮水草。

相容性／水族行為特徵：通常是很溫和的魚類，但可能會對其他絲足鱸類產生領域性。

水質：不拘；軟水到中硬水，pH 值 6.2~7.8。

餵食：雜食性；接受大部分食物，飲食中要包含一些植物類食物。

性別區分：公魚的腹鰭可能會呈現橘紅色，母魚是黃色。

繁殖：會製造泡巢。公魚會在孵化後的前幾天照顧魚苗。

絲足鱸科（科名 OSPHRONEMIDAE ／科俗名 Gouramies）
絲鰭毛腹魚（學名 Trichogaster trichopterus）
青曼龍，三星攀鱸（俗名 BLUE GOURAMI, THREE-SPOT GOURAMI）

| 15 公分 6 英吋 | 攝氏 22~28 度 華氏 72~82 度 | 90 公分 36 英吋 |

原產地：東南亞

水族箱設置：有水草的水族箱，溫和的水循環和一些漂浮水草。

相容性／水族行為特徵：可能會對其他絲足鱸類產生領域性，有時對其他水族箱同伴也會這樣。有些個別的魚（通常是大的公魚）會持續有攻擊性。

水質：這種耐養的魚水質不拘；軟水到中硬水，pH 值 6.0~8.5。

餵食：雜食性；接受幾乎任何水族食物。

性別區分：公魚有尖背鰭。

繁殖：會製造泡巢。產卵時，成對的伴侶會對水族箱同伴產生攻擊性。是較易繁殖的絲足鱸之一。產卵後應移走母魚，公魚會守護泡巢和魚苗。

鯰

　　鯰魚在魚中構成了眾大的目（「目」是自然科學的專用名稱，是科的上一個分類等級，而且通常會包含許多科）。鯰魚屬於鯰形目，包含了超過 30 科、2500 種。雖然很多鯰魚有某些共同的特徵，但在大小和形狀上，差異很大。

　　鯰魚中的一個共同特徵，是沒有魚鱗。但有些卻會有骨板組成的「裝甲」，很多則是用鰭棘來當防護工具。鯰魚也有觸鬚（或「鬍子」，所以有貓魚之稱）。

　　鯰魚是很受歡迎的水族魚類，牠們的多樣化，幾乎讓每個水族箱都有適合的鯰魚來搭配。牠們常被當作水族箱的拾乞者或清道夫，有時會被飼主誤認為可以減少水族箱的維護需求！雖然很多鯰魚對清理殘食適應良好，但還是需要有好的飲食才會長得好。

　　和平的甲鯰，是群居型水族箱很受歡迎的底面覓食者，而有很多「吸口」鯰會被買來幫忙減少水族箱的藻類，但不是所有吸口鯰的飲食都包含了藻類。很多鯰魚有侵略性，尤其是那些有長觸鬚的，牠們通常也不適合放在群居型水族箱中。

海鯰科（科名 ARIIDAE／科俗名 Sea catfish）
西曼海鯰（學名 Hexanematichthys seemanni）
哥倫比亞金剛鯊（俗名 COLOMBIAN SHARK CATFISH, TETE SEA CATFISH）

35公分 14英吋	攝氏 21~26度 華氏 70~79度	180公分 72英吋

魚的大小：通常約 30~35 公分（12~14 英吋），可長得更大。

原產地：北美、中美、和南美的河流和河口
水族箱設置：大型的半淡鹹水水族箱，用平滑的石頭或完全浸濕的沉木做佈置，要在下層保留很多開放游水空間。
相容性／水族行為特徵：侵略性很強，不要和小魚放在一起，最好和大型的半淡鹹水群游魚放在一起，例如成年金錢魚或銀大眼鯛。
水質：中性到鹼性的 pH 值，微鹹到完全海水的狀態。
餵食：肉食性；餵食肉類、冷凍，或活的食物，例如未成年魚就以紅蚯蚓餵食，成年魚就以貽貝塊、蝦子，或小蝦餵食。也吃沉底顆粒飼料，讓飲食多樣化。
性別區分：公魚比母魚細長。
繁殖：豢養魚很少會產卵。需改變水族箱裡水的鹽度。

粗皮鯰科（科名 ASPREDINIDAE／Banjo catfish）
雙色丘頭鯰（學名 Bunocephalus coracoideus）
弦琴貓（俗名 BANJO CATFISH）

12.5公分 5英吋	攝氏 23~28度 華氏 73~82度	75公分 30英吋

原產地：南美──亞馬遜河流域
水族箱設置：軟底砂，最好用沙子，以沉木做佈置，如有要求，可用活水草，搭配柔和的光線。
相容性／水族行為特徵：是膽怯愛隱藏的魚種，對其他魚沒有攻擊性。
水質：不拘，但最好是中軟水，中性到弱酸性。
餵食：基本上是食蟲性；餵食冷凍或活的食物，通常也吃沉底的圓球和顆粒飼料。
性別區分：母魚的身型比公魚大且長。
繁殖：夜晚會群體產卵，散佈大量的魚卵。

頸鰭鯰科（科名 AUCHENIPTERIDAE ／科俗名 Driftwood catfish）
危瓜多爾特鯰（學名 Tatia perugiae）
豹鯨（俗名 PERUGIA'S WOODCAT）

5公分 2英吋　攝氏 23~28度 華氏 73~82度　60公分 24英吋

原產地：南美——亞馬遜河流域上游
水族箱設置：用沉木或石塊提供小洞穴，沙子或細石礫作為底砂。
相容性／水族行為特徵：和平的魚種，相當愛隱藏，夜晚時會比較活躍。
水質：軟水到弱硬水，弱酸性。
餵食：食蟲性；餵食小型冷凍和活的食物。
性別區分：公魚在短肉柄上有修飾的臀鰭。
繁殖：水族箱中產卵已變得更普遍。會先在體內受孕，母魚在 24~48 小時後產卵，並守護卵。

鮠科（科名 BAGRIDAE ／科俗名 Bagrid catfish）
威氏半鱨（學名 Hemibagrus wyckii）
亞洲紅尾鴨嘴（俗名 CRYSTAL-EYED CATFISH）

70公分 28英吋　攝氏 22~25度 華氏 72~77度　180公分 72英吋

原產地：亞洲——泰國到印尼
水族箱設置：少量佈置，需為這種大型強壯的鯰魚保留很多開放空間。
相容性／水族行為特徵：有高度的侵略性，通常對任何潛在的水族箱同伴有高度的攻擊性。最好單獨飼養。
水質：不拘，只要避免極端就可，非常耐養的魚。
餵食：是貪婪的進食者，大部分食物都吃。可用沉底鯰魚錠狀飼料，加上肉類食物，例如餌魚、貽貝、蝦子或小蝦和蚯蚓。
性別區分：性別沒有明顯的不同，母魚可能身型較飽滿。
繁殖：水族箱中不太可能發生，因為龐大體型和好鬥的關係。

鮠科 （科名 BAGRIDAE ／科俗名 Bagrid catfish）

條紋鱯 （學名 Mystus vittatus）

四線貓；亞洲條紋鯰 （俗名 ASIAN-STRIPED CATFISH, PYJAMA CATFISH）

20公分
8英吋

攝氏
22~28度
華氏
72~82度

90公分
36英吋

原產地：亞洲——印度半島
水族箱設置：用沉木提供洞穴，或用石塊做庇護所。
相容性／水族行為特徵：對其他魚沒有攻擊性，但可能會吃掉小魚。
水質：弱酸到大約中性的 pH 值，軟水到中硬水。
餵食：大部分食物都吃，但較喜歡肉類、冷凍或活的食物。
性別區分：性別沒有明顯的不同，但公魚通常較小且較細長，緊靠臀鰭的前方有延伸的生殖突物。
繁殖：很少有水族箱繁殖的記述。母魚會散佈好幾千個卵。

兵鯰科 （科名 CALLICHTHYIDAE ／科俗名 Callichthyid armoured catfish）

閃光弓背鯰 （學名 Brochis splendens）

青銅鼠；綠鯰 （俗名 EMERALD CORY）

7公分
3英吋

攝氏
22~28度
華氏
72~82度

75公分
30英吋

原產地：南美——亞馬遜河流域
水族箱設置：用沉木或石塊提供洞穴，還要有開放區域的軟底砂。
相容性／水族行為特徵：是和平的魚種，可和任何溫和的魚共處。群體飼養。
水質：要求不太多，但最好是軟水到中硬水，大約中性的 pH 值。
餵食：沉底圓球和顆粒飼料，以冷凍和活的食物作補充，像是紅蚯蚓和豐年蝦。
性別區分：母魚較公魚大，身形較飽滿。
繁殖：產卵方式和甲鯰相似，產卵活動以刺激的行為展開，公魚會追求母魚。母魚把卵產在水族箱玻璃上、其他平滑的表面和水草葉上。

兵鯰科（科名 CALLICHTHYIDAE ／科俗名 Callichthyid armoured catfish）

7.5 公分　攝氏　60 公分
3 英吋　20~26 度　24 英吋
　　　　華氏
　　　　68~79 度

銅綠甲鯰（學名 Corydoras aeneus）

咖啡鼠（俗名 BRONZE CORY）

原產地：南美
水族箱設置：有水草的水族箱，最好是沙子的底
砂。
相容性／水族行為特徵：是理想的群居魚，能和其
他所有的魚和平共處。
水質：不拘；中性的 pH 值。
餌食：雜食性；沉底圓球、薄片、和顆粒飼料，以
冷凍和活的食物作補充。
性別區分：成年母魚比公魚大，身形較圓。
繁殖：容易繁殖，典型的甲鯰產卵方式（參照 63 頁
的熊貓鼠)。

兵鯰科（科名 CALLICHTHYIDAE ／科俗名 Callichthyid armoured catfish）

10 公分　攝氏　75 公分
4 英吋　20~26 度　30 英吋
　　　　華氏
　　　　68~79 度

胡椒甲鯰（學名 Corydoras paleatus）

花鼠（俗名 PEPPERED CORY）

原產地：南美──巴西和阿根廷
水族箱設置：有水草的水族箱，最好是沙子或任何
合適的平滑底砂。
相容性／水族行為特徵：在群居型水族箱中和平且
順從。
水質：清澈、中性的水質。
餌食：雜食性；沉底圓球、顆粒飼料，冷凍或活的
食物。
性別區分：母魚比公魚大，身形較圓。
繁殖：如果水質良好便容易產卵，典型的甲鯰產卵
方式（參照 63 頁的熊貓鼠）。

兵鯰科（科名 CALLICHTHYIDAE ／科俗名 Callichthyid armoured catfish）
波鰭兵鯰（學名 Corydoras panda）
熊貓鼠（俗名 PANDA CORY）

5 公分 2 英吋	攝氏 22~26 度 華氏 72~79 度	45 公分 18 英吋

原產地：南美——祕魯
水族箱設置：最好是有水草的水族箱，以沉木或石塊做一些洞穴；建議用細沙做為軟底砂。
相容性／水族行為特徵：是和平的魚種，可和其他溫和的魚安全混養。
水質：最好是中軟水，弱酸性到中性的 pH 質，尤其是在繁殖期；可容許較鹼性的水。
餵食：小的沉底食物，例如顆粒乾燥飼料和沉底鯰魚圓球飼料，以冷凍或活的食物作補充。
性別區分：成年母魚通常比公魚大，從上方看身形較圓。未成年魚沒有明顯的差異。
繁殖：典型的甲鯰繁殖方式。產卵通常發生在換水後，特別是用稍微冷或較軟的水。公魚會追求母魚，母魚或許會開始清理產卵區。成對的魚接著會採用 T 形姿勢，讓母魚獲得公魚的精子，使母魚留

在由腹鰭組成杯形中的卵授精。如果在產卵後不移走魚卵和小魚苗，成年魚可能會吃掉牠們。魚卵三到四天會孵化。

兵鯰科（科名 CALLICHTHYIDAE ／科俗名 Callichthyid armoured catfish）
三線甲鯰（學名 Corydoras trilineatus）
三線豹鼠（俗名 THREE-LINE CORY）

5 公分 2 英吋	攝氏 22~26 度 華氏 72~79 度	60 公分 24 英吋

原產地：南美——祕魯、巴西、哥倫比亞
水族箱設置：最好是有水草的水族箱，沙子做為底砂，或用平滑的圓石礫。
相容性／水族行為特徵：是和平的魚種，很適合群居型水族箱。
水質：明亮、清澈的水；大約中性的 pH 質。
餵食：雜食性；較喜歡活的和冷凍食物，但也吃沉底顆粒和圓球飼料。
性別區分：母魚的體型比公魚的更健壯一點。
繁殖：典型的甲鯰產卵方式（參照 63 頁的熊貓鼠），但相當難產卵。

熱帶魚寶典

兵鯰科（科名 CALLICHTHYIDAE ／科俗名 Callichthyid armoured catfish）

帶尾雙線美鯰（學名 Dianema urostriatum）

飛鳳戰車鼠；旗尾鯰(俗名 FLAG-TAIL PORTHOLE CATFISH)

12.5公分 5英吋　攝氏 23~28度 華氏 73~82度　90公分 36英吋

原產地：南美──巴西
水族箱設置：提供一些洞穴和水草做掩護，例如一些高水草和漂浮水草。
相容性／水族行為特徵：和平的魚種；最好群體飼養。
水質：中軟水，較喜歡中性到弱酸性的水。
餵食：會吃大部分的乾燥水族飼料，以冷凍和活的食物作補充。
性別區分：母魚的體型比較飽滿。
繁殖：有製造泡巢的記載，在一些情況中，會把魚卵串附在水面上做掩護。沒有水族箱中繁殖的詳細記述。

兵鯰科（科名 CALLICHTHYIDAE ／科俗名 Callichthyid armoured catfish）

胸甲鮠（學名 Megalechis thoracata ／舊學名 Hoplosternum thoracatum）

戰車鼠；鐵甲鯰(俗名 SPOTTED HOPLO, PORT HOPLO, BUBBLENEST CATFISH)

15公分 6英吋　攝氏 18~28度 華氏 64~82度　90公分 36英吋

原產地：南美──亞馬遜和奧里諾科河流域，圭亞那的沿岸河流
水族箱設置：有水草的水族箱，包含一些漂浮水草。
相容性／水族行為特徵：通常可以飼養在群居型水族箱，不過成年魚可能會吃小燈魚。
水質：不拘；軟水到中硬水，弱酸性到弱鹼性的 pH 值。
餵食：會吃大部分的水族飼料，包括沉底圓球和顆粒飼料。以冷凍和活的食物作補充，像紅蚯蚓。
性別區分：公魚的胸棘比母魚粗，在繁殖狀態中，胸棘會變成橘紅色。
繁殖：母魚會把卵產在泡巢裡，而泡巢是由公魚製造和守護的。產卵後須把母魚移走，除非水族箱夠大，可以讓母魚避開變得相當具攻擊性的公魚。

鮠科（科名 CLAROTEIDAE）
西方項鱨（學名 Auchenoglanis occidentalis）
牛頭鴨嘴（俗名 GIRAFFE CATFISH）

60公分
24 英吋

攝氏
21~25 度
華氏
70~77 度

180 公分
72 英吋

原產地：**廣布全非洲**
水族箱設置：需提供堅固的佈置，像圓石塊和大塊沉木，加上柔軟的沙子做底砂。
相容性／水族行為特徵：可和其他大小適中的魚共存，但成年魚可能無法包容和自己同種的魚。
水質：不拘。
餵食：雜食性；大部分的食物都吃，可用沉底鯰魚圓球飼料當主食，以肉食如貽貝和植物性食物作補充。
性別區分：沒有明顯差異。
繁殖：沒有水族箱繁殖的記載。

陶樂鯰科（科名 DORADIDAE ／科俗名 Thorny catfish）
梳額蝎鯰（學名 Agamyxis pectinifrons）
白點哭貓（俗名 SPOTTED-TALKING CATFISH, SPOTTED RAPHAEL）

12.5公分
5 英吋

攝氏
20~26 度
華氏
68~79 度

90 公分
36 英吋

原產地：**南美**
水族箱設置：提供沉木或石山中的裂縫讓魚躲藏，這種魚較喜歡昏暗的照明。
相容性／水族行為特徵：對其他魚沒有攻擊性，然而在晚間，可能會吃掉在底面附近休息的小魚，例如燈魚。
水質：不拘；酸性到微鹼性的水，軟水到中硬水。
餵食：沉底鯰魚圓球飼料和可以迅速下沉的冷凍食物或活食。
性別區分：不詳。
繁殖：沒有詳細資料，可能在水草間產卵。

陶樂鯰科（科名 DORADIDAE ／科俗名 Thorny catfish）
歐式大陶樂鯰（學名 Megalodoras uranoscopus ／簡稱 M. irwini）

艾爾溫尼鐵甲武士（俗名 GIANT-TALKING CATFISH, GIANT RAPHAEL, MOTHER OF SNAILS CATFISH）

60 公分
24 英吋

攝氏
22~25 度
華氏
72~77 度

180 公分
72 英吋

原產地：南美──亞馬遜河流域
水族箱設置：以堅固的佈置來提供適當的退避所，
尤其是對未成年魚。
相容性／水族行為特徵：對同種魚和其他魚來說相
當和平，是使用水族箱上方空間的大魚理想的同
伴。
水質：不拘，只要避免極端就可。
餵食：雜食性；可餵食沉底鯰魚圓球飼料、飼料錠
和肉類食物像是貽貝和蚯蚓。已知有以螺為食，可
從牠的英文俗名「螺鯰之母」聯想。
性別區分：不詳。
繁殖：沒有水族箱產卵的記載。

陶樂鯰科（科名 DORADIDAE ／科俗名 Thorny catfish）
黑體尖陶樂鯰（學名 Oxydoras niger ／舊學名 Pseudodoras niger）

鐵甲武士（俗名 BLACK DORID, RIPSAW CATFISH）

100 公分
39 英吋

攝氏
21~24 度
華氏
70~75 度

240 公分
96 英吋

原產地：南美──亞馬遜河地帶
水族箱設置：少量的堅固佈置，可用大型 PVC 塑膠
管或陶製管當退避所。
相容性／水族行為特徵：真正很溫和的巨魚，對其
他魚類沒有攻擊性。
水質：不拘；從軟酸性水質到中硬和鹼性水質。
餵食：雜食性；可餵食沉底圓球飼料、飼料錠、貽
貝、蝦子或小蝦、蚯蚓。
性別區分：沒有明顯差異。
繁殖：不詳。

陶樂鯰科（科名 DORADIDAE ／科俗名 Thorny catfish）

平囊鯰（學名 Platydoras costatus）

黑白盔甲貓（俗名 HUMBUG CATFISH, STRIPED RAPHAEL, STRIPED TALKING CATFISH）

20公分 8英吋	攝氏 23~29度 華氏 73~84度	90公分 36英吋

原產地：廣布南美洲

水族箱設置：提供洞穴給此魚做白天休息用，牠們主要是夜行性動物。

相容性／水族行為特徵：對其他魚沒有攻擊性。在夜間，可能會吃在底面附近休息的小魚，例如燈魚。

水質：不拘；酸性到弱鹼性，軟水到中硬水。

餵食：雜食性；可餵食沉底鯰魚圓球飼料和冷凍或活的食物。或許有必要在關閉水族箱照明後才餵食，以確保牠們吃到自己的那一份。

性別區分：不詳。

繁殖：不詳。

棘甲鯰科（科名 LORICARIIDAE ／科俗名 Armoured catfish）

──亞科：鉤鯰亞科（ANCISTRINAE）

大鬍子（學名 Ancistrus sp.）

毛鼻鯰（俗名 BRISTLENOSE CATFISH）

12.5公分 5英吋	攝氏 21~26度 華氏 70~79度	75公分 30英吋

原產地：南美

水族箱設置：有水草的水族箱，提供足夠的沉木庇護所給每一隻毛鼻鯰或類似的魚種。

相容性／水族行為特徵：適合群居型水族箱，對其他鉤鯰有領域性的行為，但通常不會造成任何傷害。在餵食時間，這種魚有時會對其他在底面覓食的魚有粗暴行為。

水質：不拘，因為這種魚很耐養而且適應力強；最好是中軟水，中性到弱酸性的 pH 值。

餵食：很好的食藻魚；以水藻片、沉底圓球飼料、和家用蔬菜如白萵苣和黃瓜作補充。也吃大部份中層棲息魚類遺漏的其他食物。

性別區分：公魚的吻端有突出的「軟棘」，此屬因此而得到牠的俗名。

繁殖：常會在群居型水族箱中產卵。公魚會守護魚卵。

棘甲鯰科（科名 LORICARIIDAE ／科俗名 Armoured catfish）
——亞科：鉤鯰亞科（ANCISTRINAE）
黃翅黃珍珠異型（學名 Baryancistrus sp.）

黃翅黃珍珠　編號： L018/L085, L081, L177（俗名 GOLD NUGGET PLECO, L018/L085, L081, L177）

35 公分
14 英吋

攝氏
25~30 度
華氏
77~86 度

90 公分
36 英吋

原產地：南美
水族箱設置：提供足夠的沉木庇護所。
相容性／水族行為特徵：對吸口鯰，尤其是黃翅黃
珍珠系列有領域性。可和大部份中層棲息魚共處，
因為跟牠們不會激烈爭食。
水質：軟水到弱硬水，大約中性的 pH 值。
餵食：雜食性，而且不是食藻魚（這是吸口鯰常被
認為的）。可提供多樣的食物，包含冷凍或活的食
物、乾燥水族飼料和家用蔬菜。
性別區分：雖然頭型有些不同，但很難分辨成年魚
的性別。
繁殖：水族箱中並不普遍。強勁水流可引發產卵。

棘甲鯰科（科名 LORICARIIDAE ／科俗名 Armoured catfish）
——亞科：鉤鯰亞科（ANCISTRINAE）
斑馬異型（學名 Hypancistrus zebra）

斑馬琵琶　編號： L046（俗名 ZEBRA PLECO, L046）

7.5 公分
3 英吋

攝氏
25~30 度
華氏
77~86 度

75 公分
30 英吋

原產地：南美——巴西，申古河
水族箱設置：提供深色石塊或沉木當庇護所。保持
有效的過濾和良好的水循環。
相容性／水族行為特徵：和平的魚種。不要和會激
烈爭食的魚種混養一起。
水質：中軟水到中硬水，pH 值 6.5~7.6。
餵食：雜食性；較喜歡肉類食物，但也吃植物類食
物。不是食藻魚。
性別區分：公魚的第一條胸鰭比較粗，而且看得到
棘鰭（小棘刺），可以在腮蓋（腮盤）正下方觀察
到。
繁殖：將水溫維持在高溫的範圍。母魚會在小洞穴
產卵，公魚會守護牠挑選到的洞穴，然後讓母魚進
去。產卵後，公魚讓卵授精並守護著卵。讓卵人工
孵化或許比較明智，因為父母可能會吃掉新孵出的
魚苗。須要定期少量換水和良好的充氧。用新孵出
的豐年蝦餵食魚苗。

棘甲鯰科（科名 LORICARIIDAE ／科俗名 Armoured catfish）

——亞科：鉤鯰亞科（ANCISTRINAE）

尼哥利隆頭鯰（學名 Panaque nigrolineatus）

皇冠豹　編號：L027, L027A, L027B, L027C, L190

（俗名 ROYAL PANAQUE, L027, L027A, L027B, L027C, L190）

45公分
18 英吋　攝氏
23~26度
華氏
73~79 度　120公分
48 英吋

原產地：南美

水族箱設置：提供大塊沉木，讓魚可以在上面休息。

相容性／水族行為特徵：可和棲息在水族箱上方的魚一起飼養。對同種魚有領域性。

水質：不拘；中軟到弱硬水，酸性到弱鹼性。

餵食：除了沉底薄片和圓球飼料以外，還要提供以植物為主的食物。

性別區分：不詳。

繁殖：不詳。

棘甲鯰科（科名 LORICARIIDAE ／科俗名 Armoured catfish）

——亞科：鉤鯰亞科（ANCISTRINAE）

假棘甲鯰（學名 Pseudacanthicus sp.）

噴點紅劍尾坦克　編號：L025（俗名 SCARLET PLECO, L025）

45公分
18 英吋　攝氏
24~27度
華氏
75~81 度　120公分
48 英吋

原產地：南美

水族箱設置：用大塊沉木作為主要佈置；較喜歡昏暗的照明。

相容性／水族行為特徵：對其他的棘甲鯰有領域性，但可和棲息在水族箱上方、適當大小的魚一起養。

水質：最好是弱酸性到中性的水，但確切的 pH 值和硬度值並不那麼重要。

餵食：較喜歡肉食性飲食，所以食物要多樣化，像是胎貝、蝦子和紅蚯蚓。

性別區分：公魚比較細長，在胸鰭上有較多明顯的棘。

繁殖：不詳。

棘甲鯰科（科名 LORICARIIDAE／科俗名 Armoured catfish）
——下口鯰亞科：科（HYPOPTOPOMATINAE）
縱帶篩耳鯰（學名 Otocinclus vittatus）

小精靈（俗名 OTO, DWARF SUCKER）

4 公分
1.5 英吋

攝氏
21~26 度
華氏
70~79 度

45 公分
18 英吋

原產地：南美——巴西
水族箱設置：提供成熟的水草水族箱，有大塊的沉木讓魚在上面休息。
相容性／水族行為特徵：和平的魚種。群體飼養。
水質：最好是中軟水，酸性到中性的 pH 值（6.0~7.0）。
餌食：是忙碌的食藻魚，以其他植物性食物和小的冷凍或活的食物作補充。
性別區分：公魚比母魚瘦小。
繁殖：很少在水族箱繁殖。母魚在水草葉上產卵，約三天孵化。需給魚苗充分的水藻、植物性和極小粒的食物。

棘甲鯰科（科名 LORICARIIDAE／科俗名 Armoured catfish）
——下口鯰亞科：科（HYPOPTOPOMATINAE）
下口鯰（學名 Hypostomus, Liposarcus, 或 Pterygoplichthys sp.）

琵琶鼠（俗名 COMMON PLECO）

30~50 公分
12~20 英吋

攝氏
20~26 度
華氏
68~79 度

120 公分
48 英吋

原產地：南美
水族箱設置：大型水族箱，有洞穴和沉木來當庇護所。
相容性／水族行為特徵：在群居型水族箱裡通常可以和平相處，但可能對特別喜愛的洞穴有領域性。
水質：不拘；容許大範圍的 pH 值和硬度值。
餌食：通常是很好的食藻魚，以水藻片、沉底圓球飼料和植物性食物作補充。也吃大部份中層棲息魚類遺漏的其他食物。
性別區分：沒有明顯的差異，成年公魚或許會比母魚小。
繁殖：不太可能在水族箱中繁殖。在溫暖的氣候下、室外水池中，此魚會在挖掘的洞穴裡產卵。

棘甲鯰科（科名 LORICARIIDAE ／科俗名 Armoured catfish）
——棘甲鯰亞科：亞科（LORICARIINAE）
管吻鯰（學名 Farlowella acus）

枝狀直昇機（俗名 TWIG CATFISH）

20公分
8 英吋

攝氏
20~25 度
華氏
68~77 度

90 公分
36 英吋

原產地：南美
水族箱設置：提供充足的沉木或細枝和樹枝。水草
可有可無。較喜歡昏暗的光線。
相容性／水族行為特徵：是相對膽怯的魚種，應該
和沒有攻擊性的魚，像是甲鯰和燈魚一起飼養。
水質：最好是中軟水，酸性到弱鹼的 pH 值。
餵食：提供水藻和其他植物性食物，加上冷凍或活
的食物、沉底錠和薄片飼料。
性別區分：公魚會長明顯的棘毛。
繁殖：公魚會清理出一個表面讓母魚在那裡產的
卵，由公魚守護。魚苗可能難以餵食，但可受惠於
在成熟的水草水族箱中成長，那裡很可能有天然微
小食物的供應。

在水族箱中加魚

　　在水族箱中加魚時，先關閉水族箱的照明，並讓裝新魚的袋子浮在水族箱中至少 15 分
鐘，這樣可以平衡袋子中的水溫。除此以外，也可打開袋子頂端，讓一些水族箱的水和袋中
的水混合，放置 5 到 10 分鐘，然後重複許多次，之後就可輕輕地傾斜袋子，讓魚游出。
　　如果水族館的水和自己水族箱的水質相差很多，將袋中的魚和水倒進乾淨的桶子，用一
節標準的氣管，從水族箱中吸水到桶子裡，但一開始要用小的塑膠氣管夾夾住管口，慢慢地
滴水進桶子裡。用好幾小時的時間裝滿水桶，然後把魚網起或是裝回袋子，再把魚加進水族
箱中。

電鯰科（科名 MALAPTERURIDAE ／科俗名 Electric catfish）

電鯰（學名 Malapterurus electricus）

電貓（俗名 ELECTRIC CATFISH）

| 120公分
48英吋 | 攝氏
23~29度
華氏
73~84度 | 150公分
60英吋 |

原產地：中非，包含坦干依喀湖

水族箱設置：用大型 PVC 塑膠管或陶製管提供適當的退避所。加熱器應有防護，最好用外置型的。

相容性／水族行為特徵：應單獨飼養，當作是唯一的樣品飼養，會是很有趣的「寵物」魚喔。

水質：不拘；中性到鹼性的 pH 值，中等到硬水。

餵食：食用大部分的肉類食物，像是貽貝、餌魚、蚯蚓和蝦子或小蝦。當心餵食過量，特別是對成年魚。

性別區分：公魚比較細長。

繁殖：據記述，會在窪坑中產卵，但沒有水族箱中繁殖的記錄。

魚的大小：據記述有到 120 公分（48 英吋），但在水族箱中通常會小很多，可小於 60 公分（24 英吋）。

雙背鰭鱨科（倒游鯰科）（科名 MOCHOKIDAE ／科俗名 Upside-down catfish）

美歧鬚鮠（學名 Synodontis decorus）

大帆飛鳳貓；豹皮貓（俗名 CLOWN SYNO）

| 30公分
12英吋 | 攝氏
22~28度
華氏
72~82度 | 120公分
48英吋 |

原產地：非洲——剛果流域

水族箱設置：用沉木或石塊做洞穴。有軟的沙子底砂更好。

相容性／水族行為特徵：通常適合於大的群居型水族箱，在多數的大魚中處之泰然。可能會對其他倒游鯰有領域性。

水質：不拘；適合廣泛的 pH 值和硬度值，只要避免極端就可。

餵食：在野外是吃甲殼類、水藻和昆蟲的幼蟲，但和很多倒游鯰魚種一樣，會為水族箱的食物做清掃。良好的主食包含了沉底鯰魚圓球飼料。

性別區分：如果沒有藉由生殖突物的檢查，外表看不出明顯差異。公魚體型較細長。

繁殖：沒有水族箱中繁殖的記錄。

雙背鰭鱨科（倒游鯰科）（科名 MOCHOKIDAE ／科俗名 Upside-down catfish）

多點歧鬚鮠（學名 Synodontis multipunctatus）
白金豹皮（俗名 CUCKOO CATFISH）

| 15公分 6英吋 | 攝氏 22~29度 華氏 72~84度 | 90公分 36英吋 |

原產地：東非——坦干依喀湖

水族箱設置：用很多石塊裝飾來提供充足的洞穴，尤其是和非洲三湖慈鯛一起飼養時。

相容性／水族行為特徵：通常和馬拉威與坦干依喀的慈鯛一起飼養。對同種魚稍有領域性，但比起很多倒游鯰魚種，算是輕微許多。

水質：硬水和鹼水，pH值 7.5~8.5。

餵食：食蟲性；較喜歡活的或冷凍食物，也接受薄片飼料和飼料錠。吃螺。

性別區分：公魚有較小的傾向、較高的背鰭，可能有較長的胸棘。像其他倒游鯰，也有可能在公魚的排泄處附近看到短突物。

繁殖：英文俗名「杜鵑」鯰，來自此種鯰魚的習性。牠會在產卵的慈鯛間悠游，並將牠們的卵吃掉，然後放自己的卵。口孵的母慈鯛接著會拾起魚卵，把最後產生的魚苗和牠們自己的魚苗一起撫養。這常常會導致成長較快的鯰魚苗吃了慈鯛魚苗。

雙背鰭鱨科（倒游鯰科）（科名 MOCHOKIDAE ／科俗名 Upside-down catfish）

黑腹歧鬚鮠（學名 Synodontis nigriventris）
巨人倒吊；倒吊鼠（俗名 TRUE UPSIDE-DOWN CATFISH）

| 10公分 4英吋 | 攝氏 22~27度 華氏 72~81度 | 75公分 30英吋 |

原產地：非洲——剛果流域

水族箱設置：有水草的水族箱，放沉木或樹枝讓魚可以倒著休息。

相容性／水族行為特徵：是和平的魚種，十分適合群居型的水族箱。

水質：不拘；最好是弱酸到弱鹼性的中軟水。

餵食：會吃大部分的水族飼料。提供顆粒、薄片和圓球飼料，以冷凍和活的食物作補充，像紅蟲和豐年蝦（鹵蟲）。

性別區分：母魚比公魚的身形圓大。

繁殖：沒有詳細的記述，不過曾在水族箱中偶然產卵。

雙背鰭鱨科（倒游鯰科）（科名 MOCHOKIDAE／科俗名 Upside-down catfish）

黃條歧鬚鮠（學名 Synodontis flavitaeniatus）

橘紅羽鬚鼠（俗名 PYJAMA SYNO, ORANGE-STRIPED SYNO, GOLD-STRIPED SYNO）

20 公分
8 英吋

攝氏
24~28 度
華氏
75~82 度

90 公分
36 英吋

原產地：非洲——中部剛果地區
水族箱設置：提供沙子做底砂，有沉木或石塊洞穴當庇護所。
相容性／水族行為特徵：是相對和平的倒游鯰，可以和相似大小的魚放在一起。
水質：不拘；軟水到中硬水，中性到鹼性的 pH 值。
餵食：雜食性；會吃沉底顆粒和圓球飼料，以冷凍或活的食物作補充。
性別區分：沒有明顯差異。
繁殖：有豢養繁殖，但沒有細節記錄。

油鯰科（科名 PIMELODIDAE／科俗名 Long-whiskered catfish）

朱魯短平口鯰（學名 Brachyplatystoma juruense）

假班馬鴨嘴（俗名 ZEBRA CATFISH, POOR MAN'S TIGRI-NUS, BANDED SHOVELNOSE）

60 公分
24 英吋

攝氏
22~27 度
華氏
73~81 度

150 公分
60 英吋

原產地：南非——亞馬遜和奧里諾科河流域
水族箱設置：提供適中的水流，以平滑的石塊和大塊沉木作佈置。
相容性／水族行為特徵：有高度的侵略性；只能和大到不能裝進此魚嘴巴的魚一起飼養。
水質：pH 值接近中性，適合軟水到中硬水。
餵食：掠食性；餵食肉類食物像是貽貝、蝦子、銀魚和蚯蚓。
性別區分：不詳。
繁殖：不詳。

油鯰科（科名 PIMELODIDAE ／科俗名 Long-whiskered catfish）
繡滑油鯰（學名 Leiarius pictus）
大帆鴨嘴（俗名 SAILFIN MARBLED PIM）

60公分
24 英吋

攝氏
22~26 度
華氏
72~79 度

240公分
96 英吋

原產地：南非
水族箱設置：少量佈置，留充分的游水空間。
相容性／水族行為特徵：對其他油鯰有高度的領域性。對較大型的陶樂鯰而言，可能是鯰魚科裡的最佳同伴選擇。可以在大水族箱中加大型溫和的群游魚。
水質：不拘；最好是中軟水，弱酸性到中性的 pH 值。
餵食：幾乎吃任何食物，包括沉底鯰魚圓球飼料、在水面食用的漂浮枝棒飼料。提供肉類食物像是貽貝、餌魚、蝦子或小蝦和蚯蚓。
性別區分：性別沒有明顯的差異。母魚或許較龐大。
繁殖：沒有水族箱中繁殖的記載，也不用懷疑，因為必須要具有巨大的水族箱，才能容納一對魚並讓牠們產卵。

魚苗的保護

　　有些魚，特別是慈鯛，但也有其他魚群，不會讓牠們的卵和魚苗自生自滅，而是會自動保護牠們，而且有很多不同的變化方式。有時一位父母是守護者；有時兩者都是；有時母魚在窪坑、洞穴，或由氣泡和水面植被組成的「巢」中產卵。有些魚，也特別是很多慈鯛，運用「口孵」，由一位父母（或偶爾是兩位）在口中孵化魚卵，或者保護魚苗。雖然往往只有少量的魚苗，但這種保護給了生命很好的開始。

油鯰科（科名 PIMELODIDAE ／科俗名 Long-whiskered catfish）
紅尾護頭鱨（學名 Phractocephalus hemioliopterus）
紅尾鴨嘴（俗名 RED-TAILED CATFISH）

120 公分
48 英吋

攝氏
21~27 度
華氏
71~81 度

240 公分
96 英吋

原產地：南非——亞馬遜

水族箱設置：需要龐大的水族箱，240 × 90 × 90 公分（8 × 3 × 3 英呎）是被認為給成年魚的最小空間。應要少量佈置，並由牢固的物品組成，讓魚無法吞食或對水族箱玻璃重擊。最好將加熱器和過濾器擺在主要水族箱外面（很適合用蓄水式過濾）。

相容性／水族行為特徵：有高度侵略性；這種大魚會試圖吞食任何看來夠小的魚，甚至可能吞食無生命的物體，像是加熱器！雖然對其他油鯰有領域性，但還是可以和其他巨大的水族同伴一起飼養，不過在實行上，一般只有公眾的水族館才有夠大的水族箱。

水質：不拘；中軟水到中硬水，pH 值 6.8~7.6。

餵食：肉食性；餵食鯰魚圓球飼料、蝦子或小蝦、銀魚；隨著這種鯰魚的成長，可轉餵較大的魚。

性別區分：性別沒有明顯的差異，但公魚可能有較深紅的尾鰭和較細長的身形。

繁殖：不詳，而且養在家中水族箱有點不切實際。

油鯰科（科名 PIMELODIDAE ／科俗名 Long-whiskered catfish）
斑擬脂鯰（學名 Pimelodus pictus）
豹貓（俗名 SPOTTED PIM, PICTUS CAT, ANGEL PIM）

12.5 公分
5 英吋

攝氏
22~25 度
華氏
72~77 度

90 公分
36 英吋

原產地：南非——祕魯和哥倫比亞

水族箱設置：充足的開放游水空間，用沉木和石塊做可庇護的洞穴。

相容性／水族行為特徵：是掠食者，會吃小的水族魚，例如身體纖細的燈魚。對較大的魚沒有攻擊性，會對同類露出一些領域性。

水質：中軟水和弱酸性，pH 值 6.0~6.8 最理想，但能容許大範圍的硬度和 pH 值。

餵食：肉食性／食蟲性；在水族箱中會吃各種薄片、圓球飼料和冷凍或活的食物。

性別區分：差異不詳。

繁殖：沒有在水族箱繁殖的記載。

8公分
3 英吋

攝氏
22~27 度
華氏
72~81 度

75 公分
30 英吋

鯰科（科名 SILURIDAE ／科俗名 Sheatfish）

小缺鰭鯰（學名 Kryptopterus minor）

亞洲玻璃貓（俗名 ASIAN GLASS CATFISH, GHOST CATFISH）

原產地：印度和東南亞

水族箱設置：水草水族箱和開放的游水空間；漂浮
水草可提供陰影。水流應緩和。

相容性／水族行為特徵：和平的群游鯰魚，應該一
直以群體飼養。

水質：最好是中軟水，弱酸性的 pH 值。

餵食：較喜歡活的或冷凍食物；安頓下來後，或許
會吃乾燥水族飼料。

性別區分：不詳。

繁殖：沒有在水族箱繁殖的詳細記載。

脂鯉

　　脂鯉主要原產於南美洲，但也有約 200 種發現於非洲。最為熟悉的脂鯉，是「燈魚」的品種，這些大部分都身型嬌小、富色彩、可當理想的水族魚。同等級範圍的另一種魚，是像銀板類的魚，牠會長得很大，只適合大眾水族館。有些脂鯉相當獨特，像是很厲害的飛斧魚，能從水中跳躍來躲避掠食者。

　　脂鯉也包含聲名狼藉的食人魚，這類魚連大部分不養魚的人也知曉。這種魚有略微被誇大名聲的情形，而且常常因錯誤的原因被買走，但牠們仍應得到該有的尊重。其他有掠食性的脂鯉包括劍口魚（大暴牙）和虎利齒脂鯉（血紅脂鯉科）。

　　大部分的脂鯉（除了血紅脂鯉科）都有一個共同的特徵，就是在背鰭和尾鰭（尾巴）之間出現脂肪質的鰭。在鯉科魚類中像是鯽魚，就沒有這個特徵，所以是辨識的額外方法。

非洲脂鯉科（科名 ALESTIIDA ／科俗名 African tetras）

點鰭紅眼脂鯉（學名 Arnoldichthys spilopterus）

紅眼剛果；綠剛果；紅眼脂鯉（俗名 RED-EYED CHARACIN）

8公分 3 英吋	攝氏 24~28 度 華氏 75~82 度	90公分 36 英吋

原產地：西非

水族箱設置：將水草和木頭放在水族箱的後方和兩邊，留充分的開放游水空間。

相容性／水族行為特徵：是活潑但和平的燈魚，最好能和其他游動快速的群游魚和底面覓食的魚，像小型歧鬚鮠和泥鰍一起飼養。

水質：pH 值大約中性，軟水到弱硬水。

餵食：薄片和顆粒飼料；以冷凍和活的食物作補充。

性別區分：公魚的臀鰭有紅色、黃色和黑色條紋凸面。母魚的臀鰭較平直，有黑色的尖端。

繁殖：會散佈魚卵，可能產下超過 1000 個卵。

非洲脂鯉科（科名 ALESTIIDA ／科俗名 African tetras）

斷線脂鯉（學名 Phenacogrammus interruptus）

剛果魚（俗名 CONGO TETRA）

8公分 3 英吋	攝氏 23~27 度 華氏 73~81 度	90公分 36 英吋

原產地：中非——剛果

水族箱設置：有充足水草的水族箱和充分的游水空間。用深色的底砂或背景佈置，可呈現牠們的最佳顏色。

相容性／水族行為特徵：是和平的群游魚；不要和非常粗暴、會強烈爭食的魚一起養。可能會吃較小的燈魚，例如日光燈。

水質：較喜歡中軟和弱酸性的水，但不是必要。

餵食：薄片和顆粒飼料，以冷凍和活的食物作補充。

性別區分：公魚比母魚大，且較鮮艷，另有延展的背鰭和尾鰭。

繁殖：很可能在早上產卵，特別是被陽光觸發時。用軟酸水和較高的水溫。通常會成群產卵，在水族箱較低處散佈好幾百個卵。魚苗約六天孵化。

小口脂鯉科（科名 ANOSTOMIDAE ／科俗名 Headstanders）
扁脂鯉（學名 Abramites hypselonotus）

鐵包金；倒立九間魚（俗名 MARBLED HEADSTANDER, HIGH-BACKED HEADSTANDER）

12.5 公分	攝氏	90 公分
5 英吋	23~26 度 華氏 73~79 度	36 英吋

原產地：南美──亞馬遜和奧里諾科河流域
水族箱設置：用沉木和石塊做佈置，如果喜歡，可以加上人工水草，活水草可能很快就會被吃掉。
相容性／水族行為特徵：可加入大小相似的魚，但成年魚容不下和自己同種的魚。
水質：最好是中軟水、弱酸性到中性的水，但不是必要。
餵食：食草性；植物和藍藻為主的薄片飼料和家用蔬菜；偶爾餵食冷凍或活的食物，以變化飲食。
性別區分：不詳。
繁殖：沒有水族箱繁殖的記載。

小口脂鯉科（科名 ANOSTOMIDAE ／科俗名 Headstanders）
紅尾上口脂鯉（學名 Anostomus anostomus）

大鉛筆魚；條紋倒立魚（俗名 STRIPED ANOSTOMUS）

18 公分	攝氏	90 公分
7 英吋	22~28 度 華氏 72~82 度	36 英吋

原產地：南美──亞馬遜和奧里諾科河流域
水族箱設置：用石塊和沉木做佈置，人工或強健的活水草可提供適應於直立的退避所。提供良好的循環和明亮的光線。
相容性／水族行為特徵：對同類的魚有領域性，所以飼養一隻當樣品就好，或是在大型水族箱養一大群。通常不會對其他的魚有攻擊性。
水質：中軟水到中硬水，酸性到弱鹼性的 pH 值。
餵食：雜食性；餵食多樣化的乾燥飼料、冷凍或活的食物。可在飲食中加入蔬菜。
性別區分：性別差異不詳；母魚可能身形較長。
繁殖：在水族箱中很少成功繁殖；沒有細節記載。

脂鯉科（科名 CHARACIDAE ／科俗名 Characins）
大鱗脂鯉（學名 Chalceus macrolepidotus）
紅尾平克（俗名 PINK-TAILED CHALCEUS）

25 公分 10 英吋	攝氏 23~27 度 華氏 73~81 度	150 公分 60 英吋

原產地：南美——圭亞那、蘇利南和法屬圭亞那

水族箱設置：需要大型水族箱，有充足的開放游水空間，也要有大塊木頭和高水草所提供的遮蔽所。

相容性／水族行為特徵：有侵略性；和大魚一起飼養。

水質：不拘；中軟水到中硬水，約中性的 pH 值（6.5~7.5）。

餵食：肉食性；餵食活的和死的肉類食物；幼魚會吃薄片和圓球飼料。

性別區分：性別差異不詳。

繁殖：沒有在水族箱中繁殖的記載。

脂鯉科（科名 CHARACIDAE ／科俗名 Characins）
外齒脂鯉（學名 Exodon paradoxus）
馬克吐司；鹿齒魚（俗名 BUCKTOOTH TETRA）

15 公分 6 英吋	攝氏 23~28 度 華氏 72~82 度	90 公分 36 英吋

魚的大小：至 15 公分（6 英吋），但通常只有 10 公分（4 英吋）。

原產地：南美——亞馬遜和托坎廷斯河流域

水族箱設置：同種魚的水族箱，有充足的水草和木塊。

相容性／水族行為特徵：不適合一般群居型的水族箱！牠可能會把其他魚的鱗咬掉，或咬牠們的魚鰭。雖然裝甲鯰（棘甲鯰）和慈鯛可能會證明牠是合適的水族伙伴，但最好飼養在同種魚的水族箱。對同種魚有攻擊性，可飼養多隻（建議大於 10 隻）來消散攻擊性。

水質：pH 值接近中性，軟水到中硬水。

餵食：肉食性；餵食冷凍和活的肉類食物。

性別區分：母魚比公魚寬大。

繁殖：在水族箱中不常成功繁殖；母魚會在水草間散佈魚卵。產卵後應將成年魚移走。

脂鯉科（科名 CHARACIDAE ／科俗名 Characins）
裸頂脂鯉（學名 Gymnocorymbus ternetzi）
黑裙（俗名 BLACK WIDOW TETRA）

5 公分
2 英吋

攝氏
21~27 度
華氏
70~81 度

75 公分
30 英吋

原產地：南美——巴西和巴拉圭
水族箱設置：水草水族箱，有開放的游水空間。
相容性／水族行為特徵：通常是和平的群居魚，不過已知道會咬掉長鰭魚的鰭。但有多種長鰭的此魚類，反而會吸引這種咬鰭魚的注意。
水質：容許範圍廣大，但較喜歡軟水和弱酸水（pH 值 6.0~7.0）。
餵食：雜食性；薄片飼料、冷凍和活的食物。
性別區分：母魚比公魚稍微大一些，體型較圓。公魚在尾鰭上也許會出現白斑點。
繁殖：母魚會在細葉水草中散佈魚卵，約一天孵化。是典型的魚卵散佈者，如果有機會，父母會吃掉魚卵。

脂鯉科（科名 CHARACIDAE ／科俗名 Characins）
紅吻半線脂鯉（學名 Hemigrammus bleheri）
紅鼻剪刀（俗名 RUMMY-NOSE TETRA, RED-NOSE TETRA, FIREHEAD TETRA）

5 公分
2 英吋

攝氏
23~26 度
華氏
73~79 度

75 公分
30 英吋

原產地：南美——巴西和哥倫比亞
水族箱設置：有水草的水族箱和一些開放的游水空間給這些活躍的群游魚。
相容性／水族行為特徵：是和平的群居魚，可以安全地和其他和平魚種混養。不要將細小的燈魚像是紅鼻剪刀，和有潛在侵略性的魚混養在一起。
水質：最好是中軟水、弱酸到中性的 pH 值，不過，特別是豢養繁殖的魚，在中硬水和鹼性水中飼養是沒有問題的。
餵食：吃大部分的水族飼料，以冷凍或活的食物來為乾燥飼料作補充。
性別區分：公魚和母魚的顏色完全相同，但母魚較大。
繁殖：很困難，需要軟水和酸性的水。

脂鯉科（科名 CHARACIDAE ／科俗名 Characins）
金十字燈（學名 Hyphessobrycon anisitsi ／同種異名 Hemigrammus caudovittatus）
布宜諾斯艾利斯燈魚（俗名 BUENOS AIRES TETRA）

| 7.5 公分 3 英吋 | 攝氏 18~28 度 華氏 64~82 度 | 90 公分 36 英吋 |

原產地：南美——阿根廷、巴西、和巴拉圭
水族箱設置：提供給這精力充沛的群游魚充分的開放游水空間。可加強健的水草，但這種魚可能會吃有柔軟葉子的水草類。
相容性／水族行為特徵：非常有活力，但通常是和平的魚種。也許對較小、較膽怯的燈魚會顯現攻擊性；可能會咬有長鰭的魚。
水質：不拘；是非常耐養的魚種。
餵食：雜食性；餵食薄片、顆粒飼料，加上一些活的或冷凍食物；也要包含蔬菜類。
性別區分：公魚比母魚纖細，而且常會呈現較鮮艷的顏色。
繁殖：是很好繁殖的燈魚。產卵水溫應在上方標示水溫的中間到高溫範圍。會在水草上產卵，魚卵約一天孵化。

脂鯉科（科名 CHARACIDAE ／科俗名 Characins）
紅間半麗脂鯉（學名 Hemigrammus erythrozonus）
紅燈管（俗名 GLOWLIGHT TETRA）

| 4 公分 1.5 英吋 | 攝氏 22~26 度 華氏 72~79 度 | 60 公分 24 英吋 |

原產地：南美——圭亞那
水族箱設置：有充足水草的水族箱，最好有深色底砂或背景佈置，以把這種魚的色彩表現到極致。
相容性／水族行為特徵：是和平的魚種，很適合群居型水族箱。
水質：酸性到弱鹼性（pH 值 6.0~7.5）；軟水到弱硬水。
餵食：雜食性；餵食薄片飼料，小的活食或冷凍食物。
性別區分：公魚比母魚明顯地較纖細。
繁殖：需要軟水、酸性水。會在細葉水草上產卵。

脂鯉科（科名 CHARACIDAE ／科俗名 Characins）
高鰭魮脂鯉（學名 Hyphessobrycon erythrostigma）

紅印；血心（俗名 BLEEDING HEART TETRA）

7.5 公分
3 英吋

攝氏
23~28 度
華氏
73~82 度

75 公分
30 英吋

原產地：南美——亞馬遜流域上游
水族箱設置：水草水族箱，用一些木頭來分散佈
置。
相容性／水族行為特徵：和平的群居魚。
水質：較喜歡軟水和酸性水。
餵食：雜食性；小的活食和冷凍食物；薄片飼料。
性別區分：公魚比母魚纖細，有顯著延展的背鰭和
較尖的臀鰭。
繁殖：是魚卵散佈者，已證實在水族箱中很難繁
殖。

脂鯉科（科名 CHARACIDAE ／科俗名 Characins）
火焰魮脂鯉（學名 Hyphessobrycon flammeus）

火焰燈魚（俗名 FLAME TETRA）

4.5 公分
1.5 英吋

攝氏
23~27 度
華氏
73~81 度

60 公分
24 英吋

原產地：南美——巴西
水族箱設置：有充足水草的水族箱。柔和的燈光和
深色的背景可把這種魚的紅色表現到極致。
相容性／水族行為特徵：通常是和平的群居魚，只
有零星地記錄到對較膽怯的魚種有擾亂行為。
水質：中軟到弱硬水，酸性到中性的 pH 值。
餵食：薄片飼料、冷凍或活的食物。
性別區分：母魚的臀鰭顏色比公魚淡，胸鰭尾端呈
現黑色。公魚較母魚纖細。
繁殖：典型的燈魚產卵方式，會將魚卵散佈在水草
上。

脂鯉科（科名 CHARACIDAE ／科俗名 Characins）
何氏魮脂鯉（學名 Hyphessobrycon herbertaxelrodi）
黑蓮燈管；黑霓紅燈（俗名 BLACK NEON TETRA）

5 公分	攝氏	60 公分
2 英吋	23~27 度	24 英吋
	華氏	
	73~81 度	

原產地：南美——巴西馬托格羅索地區
水族箱設置：水草水族箱和開放的群游空間。柔和
的燈光或漂浮水草的陰影，會使此魚的色彩更加突
出。
相容性／水族行為特徵：在有其他相似和平魚的群
居型水族箱中，是和平的魚種。群體飼養。
水質：不拘；但較喜歡軟水和弱酸水，尤其是在產
卵時。
餵食：雜食性；餵食薄片和小顆粒飼料，以冷凍和
活的食物作補充。
性別區分：母魚的身形比公魚長，也較圓。
繁殖：是魚卵散佈者，在軟酸水中，很快就可以產
卵。魚卵一天就會孵化。

脂鯉科（科名 CHARACIDAE ／科俗名 Characins）
紅魮脂鯉（學名 Hyphessobrycon sweglesi ／舊學名 Megalamphodus
sweglesi）
紅衣夢幻旗（俗名 RED PHANTOM TETRA）

5 公分	攝氏	60 公分
2 英吋	20~25 度	24 英吋
	華氏	
	68~77 度	

原產地：南美——奧里諾科河流域
水族箱設置：有水草的水族箱。
相容性／水族行為特徵：和平的魚種，很適合群居
型水族箱。群體飼養。
水質：較喜歡軟酸水，但也容許較硬和較鹼的水。
餵食：薄片飼料，小的冷凍或活的食物。
性別區分：公魚的紅色背鰭較母魚長；母魚的背鰭
有紅、黑和白色。
繁殖：需要軟酸水，柔和的燈光，水溫要比燈魚產
卵時常用的水溫還涼。

脂鯉科（科名 CHARACIDAE／科俗名 Characins）
黃尾紅目燈（學名 Moenkhausia sanctaefilomenae）

紅目（俗名 RED-EYED TETRA）

| 7.5 公分 3 英吋 | 攝氏 22~26 度 華氏 72~79 度 | 75 公分 30 英吋 |

原產地：南美——玻利維亞、巴西、巴拉圭和東秘魯

水族箱設置：有水草的水族箱和充分的開放游水空間。

相容性／水族行為特徵：是非常有活力的魚種，很適合大型的群居型水族箱。避免和小型膽怯的魚或長鰭魚一起飼養。

水質：對於這種耐養的燈魚不是很要緊；軟水到中硬水，pH 值 6.0~7.8。

餵食：雜食性；對大部分的水族飼料都會熱切接納；要包含蔬菜。

性別區分：在成魚群中，公魚顯得較纖細。

繁殖：是魚卵散佈者，會成對或成群在細水草或漂浮水草的根中產卵。魚卵一到兩天孵化。

脂鯉科（科名 CHARACIDAE／科俗名 Characins）
阿氏脂鯉（學名 Paracheirodon axelrodi）

紅蓮燈（俗名 CARDINAL TETRA）

| 5 公分 2 英吋 | 攝氏 22~26 度 華氏 72~79 度 | 60 公分 24 英吋 |

原產地：南美——巴西、哥倫比亞和委內瑞拉

水族箱設置：有充足水草的水族箱；在佈置中加一些深色木頭可將此魚的潛力展現到極致。

相容性／水族行為特徵：和平的群居魚。

水質：較喜歡強軟水和酸水，但豢養繁殖的魚能容許稍微較硬和較鹼的水。

餵食：雜食性；薄片和顆粒飼料，以小的活食和冷凍食物作補充。

性別區分：公魚比母魚纖細。

繁殖：需要強軟水（3°GH）和酸水。產卵後，通常在傍晚，移走父母。母魚約產下 500 個卵，約 24 小時孵化。

脂鯉科（科名 CHARACIDAE ／科俗名 Characins）
霓虹脂鯉（學名 Paracheirodon innesi）
日光燈（俗名 NEON TETRA）

4.5 公分	攝氏	60 公分
1.5 英吋	22~26 度	24 英吋
	華氏	
	72~79 度	

原產地：南美——祕魯

水族箱設置：充足水草的水族箱，有深色底砂或背景佈置，可讓此魚的色彩更突出。

相容性／水族行為特徵：和平的群居魚，可能會被較大的水族箱同伴吃掉。最好和其他小型燈魚、甲鯰和小型棘甲鯰（吸口鯰）一起飼養。

水質：約中性，軟水到中硬水。

餵食：雜食性；薄片和微粒飼料、小的冷凍或活的食物。

性別區分：公魚比母魚纖細，母魚身形較長。

繁殖：建議用強軟水和酸水來作為繁殖用途，儘管這種魚有在較硬的水質中繁殖的記載。可用爪哇莫絲、其他細葉水草或是合成的同等物品當作產卵底面。應在產卵後移走父母。魚卵約 24 小時後孵化，剛開始可用滴蟲、然後豐年蝦無節幼蟲來餵食小魚苗。

脂鯉科（科名 CHARACIDAE ／科俗名 Characins）
——鋸脂鯉亞科：（SERRASALMINAE）平凡銀板魚（學名 Metynnis hypsauchen）
銀板魚（俗名 SILVER DOLLAR）

15 公分	攝氏	90 公分
6 英吋	24~28 度	36 英吋
	華氏	
	75~82 度	

原產地：南美——亞馬遜和巴拉圭河流域

水族箱設置：大型水族箱，有木頭的佈置，充分的開放游水空間。水草應用人工的或非常強健的類型，例如爪哇蕨，因為大部分的水草會被牠吃掉。

相容性／水族行為特徵：通常是和平的魚，最好和其他較大的群居魚一起飼養。也適合當中大型慈鯛的攪和魚。

水質：不是很緊要，但較喜歡軟水、弱酸水。

餵食：接受大部分的食物，但飲食應主要由植物類組成。

性別區分：公魚的臀鰭比母魚的長，通常有較亮的紅色，另有黑邊。

繁殖：可能成對或成群產卵。建議用單寧酸染色的軟水，最開始時用柔和的燈光（燈光亮度的增加可能會刺激產卵）。母魚會在水草叢中產卵。

脂鯉科（科名 CHARACIDAE ／科俗名 Characins）
——鋸脂鯉亞科：（SERRASALMINAE）斯氏銀板魚（學名
Myleus schomburgkii）

15 公分
6 英吋

攝氏
23~27 度
華氏
73~81 度

120 公分
48 英吋

一線銀板（俗名 BLACK-BARRED DOLLAR）

原產地：南美——亞馬遜和奧里諾科河流域
水族箱設置：大型水族箱，用木頭佈置，加人工或
強健的活水草。此魚種會吃大部分的軟葉水草。
相容性／水族行為特徵：通常是和平的魚，適合大
的群居型水族箱。
水質：較喜歡軟酸水，但不是必要。
餵食：草食性；餵食以植物為主的薄片或圓球飼
料、水果和蔬菜。
性別區分：公魚的臀鰭分為兩瓣而且延長。母魚的
臀鰭比公魚的寬短。公魚的背鰭也較尖長。
繁殖：沒有在水族箱中繁殖的記載。

脂鯉科（科名 CHARACIDAE ／科俗名 Characins）
——鋸脂鯉亞科：（SERRASALMINAE）大銀板魚（學名
Piaractus brachypomus）

80 公分
32 英吋

攝氏
22~26 度
華氏
72~79 度

240 公分
96 英吋

紅銀板；淡水白鯧（俗名 RED PACU, PIRAPITINGA）

原產地：南美——亞馬遜和奧里諾科河流域
水族箱設置：有 200 加侖水的特大號水族箱。
相容性／水族行為特徵：以魚的大小來說，通常是
相當和平的魚，可和其他的「水族箱巨魚」飼養在
大型水族箱中，但最好養在公眾的水族館。
水質：酸性到中性的 pH 值（5.5~7.0），但並不重
要，因為此魚種可在多樣化的條件下生長良好。
餵食：雜食性；接受大部分的大型食物。
性別區分：不詳。
繁殖：在水族箱中不太可能繁殖。

脂鯉科（科名 CHARACIDAE ／科俗名 Characins）
——鋸脂鯉亞科：（SERRASALMINAE）納氏食人魚（學名 Pygocentrus nattereri）
紅肚食人魚（俗名 RED-BELLIED PIRANHA）

30公分
12 英吋

攝氏
24~27 度
華氏
75~81 度

120 公分
48 英吋

原產地：南美，包含亞馬遜的廣大區域和其主要支流

水族箱設置：大型水族箱，用沉木、一些強健的或人工水草做佈置。柔和的燈光。成年魚須要超過 100 加侖的水族箱。一定要有重量型過濾器。

相容性／水族行為特徵：高侵略性的肉食動物；群體飼養在同種魚的水族箱。

水質：最好是中軟、弱酸性的水（pH 值 6.0~6.9），但並不是必要。

餵食：活的或死的肉類食物。（並不需要用活的飼料魚，因為可以讓此魚戒食，並改以適當的替代品例如貽貝、蝦子、餌魚和蚯蚓餵食。）

性別區分：性別沒有明顯的差異，但繁殖中的母魚有較強健的身形。

繁殖：母魚會在水草或底砂窪坑中產卵，並和公魚一起防護魚卵。須花約兩到三天的時間孵化。

脂鯉科（科名 CHARACIDAE ／科俗名 Characins）
——鋸脂鯉亞科：（SERRASALMINAE）噴點食人魚（學名 Serrasalmus rhombeus ／被誤稱為黑紫羅蘭食人魚 S. niger）
黑色食人魚（俗名 BLACK PIRANHA）

40公分
16 英吋

攝氏
24~27 度
華氏
75~81 度

120 公分
48 英吋

原產地：南美，亞馬遜流域和圭亞那

水族箱設置：大型水族箱，用沉木、一些強健的或人工水草做佈置。成年魚須要 100 加侖或以上的水族箱。一定要有重量型過濾器。此魚種較喜歡微暗的燈光。

相容性／水族行為特徵：高侵略性和攻擊性的食肉動物；單獨飼養。

水質：軟酸水（pH 值 5.8~6.8），但並不是必要。

餵食：肉類食物；通常吃解凍的魚像是銀魚，還有蚯蚓和其他肉類食物，像是貽貝。一開始時，許多幼魚會在白天避不進食，尤其是在照明較亮的水族箱。

性別區分：公魚的臀鰭會延展到前方，母魚的則平直。

繁殖：母魚會在水草或底砂窪坑中產卵，並和公魚一起防護魚卵。須花約兩到三天的時間孵化。

熱帶魚寶典

琴脂鯉科（科名 CITHARINIDAE）
六帶複齒脂鯉（學名 Distichodus sexfasciatus）
皇冠小丑；六間小丑（俗名 SIX-BARRED DISTICHODUS）

75 公分
30 英吋

攝氏
22~26 度
華氏
72~79 度

150 公分
60 英吋

原產地：非洲，剛果和坦干依喀湖
水族箱設置：可用大型人工水草和木頭做佈置；此種魚會吃活水草。需留充分的開放游水空間。
相容性／水族行為特徵：對同類有攻擊性，除非可以提供廣大的水族空間給大魚群，否則最好單獨飼養。避免加進容易緊張的中層水域魚，例如銀鯊和黑尾泰國鯽，因為六帶複齒脂鯉可能會騷擾牠們。大型慈鯛和鯰魚是較大品種魚的水族良伴。
水質：不拘；中軟水到強硬水，pH 值 6.0~8.5。
餵食：草食性；提供充分的植物類食物，可用植物為主的薄片或圓球飼料、家用蔬菜和植物。
性別區分：性別沒有明顯的差異，但母魚的身形較沉重。
繁殖：水族箱中的情形不詳。

魚的大小：75 公分（30英吋），但在水族箱中通常會小很多，約 38 公分（15英吋）。

梭子脂鯉科（科名 CTENOLUCIIDAE／科俗名 Pike characids）
花斑鮑氏脂鯉（學名 Boulengerella maculata）
梅花火箭；斑點劍口魚（俗名 SPOTTED PIKE CHARACIN）

35 公分
14 英吋

攝氏
23~27 度
華氏
73~81 度

120 公分
48 英吋

原產地：南美——亞馬遜河、托坎廷斯河和奧里諾科河。
水族箱設置：可用高水草;水面需留充分的開放游水空間。漂浮水草可幫忙阻礙此魚的跳出，但別減少太多的水面游水空間。
相容性／水族行為特徵：有掠食性；會吃小魚，對其他較大的魚沒有攻擊性。避免加入會使用水族箱上方空間的攻擊性魚類，因為此種魚容易被驚嚇而導致自身受傷。
水質：酸性到弱鹼性（pH 值 6.0~7.2）；軟水到弱硬水。
餵食：肉食性；餵食冷凍或活的肉類食物。很難讓這掠食動物改吃水族飼料，需要一點耐心。讓食物隨著過濾器出水口的水流流過牠們，是促使牠們食用非活食的好方法。

性別區分：性別的差異不詳；母魚可能身型較大且縱長。
繁殖：水族箱中的繁殖情形不詳。

血紅脂鯉科（科名 ERYTHRINIDAE ／科俗名 Trahiras）
虎脂鯉（學名 Erythrinus erythrinus）
橙腹牙魚；虎脂鯉（俗名 RED WOLF FISH）

20公分
8 英吋

攝氏
22~26 度
華氏
72~79 度

90公分
36 英吋

原產地：南美
水族箱設置：提供沉木或石塊來做洞穴，PVC 塑膠管或陶製管也可作為良好的退避所。可加水草。確保水族箱有密合的蓋子，因為此魚會逃出水族箱。
相容性／水族行為特徵：高度的掠食性並有攻擊性，尤其是對外表相似的魚。
水質：不拘。
餵食：肉食性；餵食餌魚、貽貝、蝦子或小蝦和蚯蚓。幼魚會吃冷凍或活的紅蟲，有些魚也吃圓球飼料。
性別區分：不詳。
繁殖：水族箱中的情形不詳。

血紅脂鯉科（科名 ERYTHRINIDAE ／科俗名 Trahiras）
虎利齒脂鯉（學名 Hoplias malabaricus）
狼魚；牙魚（俗名 WOLF FISH, TIGER FISH, MUD CHARACIN, TRAHIRA）

50公分
20 英吋

攝氏
21~25 度
華氏
70~77 度

120公分
48 英吋

原產地：中美和南美
水族箱設置：用底面區域相當大的水族箱，高度就不那麼重要。此種魚不是非常好動，所以不需要很大的水族箱。可用一些強健的或人工水草和幾塊沉木或圓石做佈置。
相容性／水族行為特徵：高度掠食性，需單獨或與大魚一起飼養。也許會攻擊和吃掉與自己幾乎同大小的魚。可以非常具有攻擊性，有強悍的咬力。清理水族箱時要小心，因為此魚被逼到角落或被驚嚇時，可能會採取報復行動。
水質：不拘；此魚很耐養，適應力良好。
餵食：肉食性；餵食活的和死的肉類食物，像是餌魚、貽貝和蚯蚓。不要每天餵食成年魚，特別是當水族箱的水溫維持在較低的範圍。
性別區分：公魚的身形較母魚纖細，腹部的輪廓弧度較小。
繁殖：很少有在豢養中繁殖的情形，因為有攻擊性。

熱帶魚寶典

胸斧魚科（科名 GASTEROPELECIDAE ／科俗名 Freshwater
hatchetfish）

胸斧魚（學名 Gasteropelecus sternicla）

銀燕子（俗名 BLACK-LINED HATCHETFISH, SILVER HATCHETFISH, COMMON AND SILVER HATCHETFISH）

5公分
2 英吋

攝氏
23~26 度
華氏
73~79 度

75公分
30 英吋

原產地：南美——祕魯、委內瑞拉和圭亞那
水族箱設置：有水草的群居型水族箱，一些漂浮水
草。需要玻璃蓋，因為此魚可能會跳出。
相容性／水族行為特徵：和平的群居魚；不要和在
水族箱上方區域活動的粗暴魚類混養。此魚至少要
五到六隻的群體飼養。
水質：弱酸性（pH 值 6.0~7.0）；較喜歡軟水到弱
硬水。
餵食：食蟲性；餵食蚊子的幼蟲和小型漂浮食物；
會吃乾燥飼料。
性別區分：公魚的身形較母魚纖細，母魚的下腹較
大。
繁殖：水族箱中的情形不詳。

胸斧魚科（科名 GASTEROPELECIDAE ／科俗名 Freshwater
hatchetfish）

飛脂鯉（學名 Carnegiella strigata）

陰陽燕子；大理石燕子（俗名 MARBLED HATCHETFISH）

4公分
1.5 英吋

攝氏
23~27 度
華氏
73~81 度

75公分
30 英吋

原產地：南美——亞馬遜河流域和哥倫比亞的卡克
塔河
水族箱設置：有水草的群居型水族箱，最好有漂浮
的水草和密合的玻璃蓋，因為此魚可能會跳出。
相容性／水族行為特徵：和平的群居魚；不要和在
水族箱上方區域活動的粗暴魚類混養。群體飼養。
水質：弱酸性（pH 值 6.0~7.0）；較喜歡軟水到弱
硬水。
餵食：食蟲性；餵食漂浮的冷凍、冷凍乾燥或活的
食物；也吃薄片飼料。
性別區分：公魚的身形較母魚纖細，母魚的下腹較
大。
繁殖：需要軟酸水。母魚會在漂浮水草中產卵。

短嘴脂鯉科（科名 LEBIASINIDAE）
短鉛筆魚（學名 Nannostomus marginatus）
小型紅鉛筆（俗名 DWARF PENCILFISH）

5 公分
2 英吋

攝氏
24~28 度
華氏
75~82 度

60 公分
24 英吋

原產地：南美——亞馬遜
水族箱設置：有水草的水族箱和柔和的燈光。
相容性／水族行為特徵：和平的群居魚，較大的群
居魚可能會吃掉此魚。群體飼養。
水質：較喜歡軟酸水。
餵食：雜食性；餵食小型活的、冷凍和乾燥食物。
性別區分：不詳。
繁殖：是魚卵散佈者，在水族箱中繁殖困難。提供
細葉水草、爪哇莫絲或人造產卵拖把，提高水溫到
大約攝氏 29~30 度（華氏 84~86 度）。魚卵約兩天
孵化。

鯪脂鯉科（科名 PROCHILODONTIDAE）
條尾真唇脂鯉（學名 Semaprochilodus taeniurus）
飛鳳（俗名 FLAGTAIL PROCHILODUS, RED FIN PROCHILODUS, SILVER PROCHILODUS）

30 公分
12 英吋

攝氏
23~26 度
華氏
73~79 度

150 公分
60 英吋

原產地：南美——巴西的亞馬遜流域
水族箱設置：大型水族箱，一些沉木塊和強韌的水
草（或人工水草）做佈置。
相容性／水族行為特徵：通常是和平的魚，但會有
領域性。
水質：不拘，但較喜歡軟酸水（pH 值 6.0~6.8）。
餵食：草食性；餵食水藻和家用蔬菜，像是萵苣、
黃瓜和豌豆。可能會輕咬軟葉水草。可用圓球飼
料、冷凍或活食來變換飲食。
性別區分：不詳。
繁殖：不詳。

慈鯛

慈鯛科是很大的魚科，主要源自於南美、中美和非洲，有一些種類則發現於亞洲。

慈鯛科中的尺寸大小非常多樣，例如在東非的坦干依喀湖，有的慈鯛住在被遺棄，幾乎不超過 2.5 公分長的螺殼中，有的則或許是世界上最大的慈鯛，幾乎有一公尺的長度。儘管有很多相似之處，但也富有多樣化的身形，例如很扁的圓盤身形，像是神仙魚和非常令人欣賞的七彩神仙魚。

許多熱衷者則專門研究特定地區的慈鯛，例如東非大裂谷的大湖，主要是在馬拉威湖和坦干依喀湖。有人則可能專門研究南美或西非，令人驚奇的小型慈鯛種類。

普遍在慈鯛中的一項行為特徵，是牠們有實行育兒照料的習慣——保衛魚卵和魚苗以對抗可能的掠食者。這無疑在熱衷者中貢獻了龐大的受歡迎程度，因為牠們的求偶和育兒照料行為，觀察起來非常迷人。

慈鯛科（科名 CICHLIDAE／科俗名 Cichlids）
孔頂鯛（學名 Aulonocara jacobfreibergi）
傑克天使（俗名 FAIRY PEACOCK CICHLID）

12.5 公分
5 英吋

攝氏
23~28 度
華氏
73~82 度

90 公分
36 英吋

原產地：非洲——馬拉威湖

水族箱設置：很適合一些石頭裝飾加上開放的沙區，因為這種慈鯛住在湖的石塊和沙子交接地區。

相容性／水族行為特徵：不是很有攻擊性，挑釁的岩棲性慈鯛（mbuna）很可能會欺負牠。可混養較小、較沒有攻擊性的岩棲性慈鯛，或較小的開放水域魚類。

水質：硬鹼水，pH7.6~8.6，GH 大於 7 度，KH10~12 度。

餵食：吃無脊椎動物和甲殼類動物；在水族箱中，可用冷凍和活的食物，加上薄片和顆粒飼料。

性別區分：公魚比母魚色彩鮮豔許多，有較尖的鰭。

繁殖：口孵，通常在洞穴中產卵。

慈鯛科（科名 CICHLIDAE／科俗名 Cichlids）
屈氏突吻麗魚（學名 Labeotropheus trewavasae）
小丑鯛；紅鰭鯛（俗名 TREWAVAS CICHLID）

12.5 公分
5 英吋

攝氏
23~28 度
華氏
73~82 度

120 公分
48 英吋

原產地：非洲——廣泛分布於馬拉威湖的岩岸

水族箱設置：以石塊佈置，搭配許多的洞穴。

相容性／水族行為特徵：和其他的岩棲性慈鯛一起飼養。

水質：硬鹼水，pH 值 7.6~8.6，GH 值大於 7 度，KH 值 10~12 度。

餵食：以啄磨石頭上的覆蓋生物為食（常被稱為附著藻，德文 Aufwuchs，意思是覆蓋的水藻和裡面的微生物），所以要提供以植物為主的飲食，用小型活的或冷凍食物，例如水蚤、糠蝦和鹵蟲（豐年蝦）。避免高蛋白食物像是顫蚓和紅蟲，這會造成致命的情況，也就是熟知的「馬拉威腫脹」。

性別區分：母魚和未成年魚的顏色是黃褐色到橘色，公魚主要是藍色，身體和背鰭則有多種顏色。視牠們的棲地而定。此魚種的母魚，公魚也有但較

少見，會浮現橘點斑。

繁殖：口孵，在岩棲性慈鯛中不常見，魚卵會在母魚拾起前授精。

慈鯛科（科名 CICHLIDAE ／科俗名 Cichlids）
非洲王子（學名 Labidochromis caeruleus）

非洲王子（俗名 YELLOW LAB, ELECTRIC YELLOW, CANARY CHICHLID）

10 公分
4 英吋

攝氏
22~28 度
華氏
73~82 度

90 公分
36 英吋

原產地：非洲──馬拉威湖

水族箱設置：典型有岩石的馬拉威水族箱。

相容性／水族行為特徵：和其他的岩棲性慈鯛一起混養；不會太有攻擊性。

水質：硬鹼水，pH 值 7.6~8.6，GH 值大於 7 度，KH 值 10~12 度。

餵食：小型甲殼類動物和昆蟲的幼蟲；接受大部分的水族飼料。

性別區分：性別沒有明顯的顏色差異，但強勢的公魚，魚鰭通常會呈現較多的黑色，尤其是腹鰭。在眼和嘴的中間區域，也或許會呈現一個褐色斑駁塊。

繁殖：口孵，沒有分明的產卵領域。

慈鯛科（科名 CICHLIDAE ／科俗名 Cichlids）
金黑色鯛（學名 Melanochromis auratus）

非洲鳳凰（俗名 MALAWI GOLDEN CHICHLID）

12.5 公分
5 英吋

攝氏
23~28 度
華氏
73~82 度

120 公分
48 英吋

原產地：非洲──馬拉威湖，湖的南區

水族箱設置：較大的水族箱，有很多岩石洞穴，供母魚和較弱的魚作為安全避難所。

相容性／水族行為特徵：非常具攻擊性的岩棲性慈鯛，可和其他較大的岩棲性慈鯛一起混養。不要試圖在一個水族箱中飼養多於一隻的公魚（或其他相似鯛種的公魚）。

水質：硬鹼水，pH 值 7.6~8.6，GH 值大於 7 度，KH 值 10~12 度。

餵食：雜食性；吃水藻和裡面的微生物。接受大部分的水族飼料，在飲食中包含大量蔬菜。

性別區分：未成年魚和母魚會呈現出特殊的黃黑橫條紋，較年長的公魚則顏色深很多。

繁殖：口孵。至少飼養三隻母魚，以防止挑釁的公魚一直騷擾單一的母魚。

慈鯛科（科名 CICHLIDAE ／科俗名 Cichlids）
斑馬雀（學名 Metriaclima estherae ／ Maylandia estherae）
雪中紅（俗名 RED ZEBRA）

10~12.5 公分 4~5 英吋	攝氏 23~28 度 華氏 73~82 度	45 公分 18 英吋

原產地：非洲——馬拉威湖，東岸

水族箱設置：大型水族箱，有很多岩石洞穴。

相容性／水族行為特徵：和其他岩棲性慈鯛一起混養。

水質：硬鹼水，pH 值 7.6~8.6，GH 值大於 7 度，KH 值 10~12 度。

餵食：雜食性；通常吃附著藻和浮游生物；飲食中要包含蔬菜。

性別區分：野生公魚是藍色到白色，而母魚是米色到褐色或橘色；也會浮現橘點斑。

繁殖：口孵；公魚會在洞穴四周防護產卵區。

慈鯛科（科名 CICHLIDAE ／科俗名 Cichlids）
索氏擬麗魚（學名 Pseudotropheus saulosi）
索氏擬麗魚（沒有廣泛使用的英文俗名）

7.5 公分 3 英吋	攝氏 23~28 度 華氏 73~82 度	90 公分 36 英吋

原產地：非洲——馬拉威湖，台灣礁區（Taiwan Reef）特有

水族箱設置：典型的岩棲性水族箱，有很多岩石洞穴。

相容性／水族行為特徵：不會太有攻擊性；可和其他較小且較不具攻擊性的岩棲性慈鯛一起混養。

水質：硬鹼水，pH 值 7.6~8.6，GH 值大於 7 度，KH 值 10~12 度。

餵食：吃水藻和水族箱裡頭的微生物。提供多樣的飲食，要包含植物成份，像是蔬菜和以藍藻為主的薄片飼料。

性別區分：此魚種的末成年魚是純鮮黃色，到大約 4 公分大時，公魚會轉成較深的顏色，有藍色的縱條紋（很像藍閃電）。

繁殖：口孵。繁殖中的公魚會防護領域地。

慈鯛科（科名 CICHLIDAE ／科俗名 Cichlids）

蘇氏擬麗魚（學名 Pseudotropheus socolofi）

藍雀（俗名 POWDER BLUE CICHLID, PINDANI）

10公分
4 英吋

攝氏
23~28 度
華氏
73~82 度

120公分
48 英吋

原產地：非洲——馬拉威湖（莫三比克）

水族箱設置：提供充分的岩石來做洞穴。

相容性／水族行為特徵：是攻擊性較小的岩棲性慈鯛之一；可和其他相似的岩棲性慈鯛一起混養。。

水質：硬鹼水，pH 值 7.6~8.6，GH 值大於 7 度，KH 值 10~12 度。

餵食：草食性；餵食大量蔬菜。

性別區分：兩性都呈現一模一樣的顏色，但比起母魚，公魚傾向有較大和較多的卵斑，也有較大的腹鰭。

繁殖：口孵。繁殖中的公魚會防護領域地。

慈鯛科（科名 CICHLIDAE ／科俗名 Cichlids）

迷彩鯛（學名 Nimbochromis venustus）

維納斯（俗名 GIRAFFE CICHLID, GIRAFFE HAP）

25公分
10 英吋

攝氏
23~28 度
華氏
73~82 度

150公分
60 英吋

原產地：非洲——廣泛分布於馬拉威湖

水族箱設置：大型水族箱，有充分的開放游水空間，背景有岩石。

相容性／水族行為特徵：有侵略性；會吃小魚。特別是對相同和相似的魚種，包含其他的迷彩鯛，會有攻擊性。

水質：硬鹼水，pH 值 7.6~8.6，GH 值大於 7 度，KH 值 10~12 度。

餵食：慈鯛圓球和薄片飼料，以肉類冷凍或活的食物作補充。

性別區分：公魚較大，身上會呈現出較多的黃色，頭上則有較多的藍色。

繁殖：口孵。

慈鯛科（科名 CICHLIDAE ／科俗名 Cichlids）
側扁高身亮麗魚（學名 Altolamprologus compressiceps）
黃金珍珠虎（俗名 GOLD COMPRESS）

10~15公分 4~6 英吋	攝氏 24~27 度 華氏 75~81 度	90 公分 36 英吋

原產地：非洲──廣泛分布於坦干依喀湖

水族箱設置：用許多石堆來分開領域，也可加貝殼。最好用沙子或細石礫做底砂。

相容性／水族行為特徵：和相似大小、沒有太大攻擊性的坦干依喀慈鯛一起飼養，例如柳絮鯛、中型燕尾和鯉形鯛。

水質：硬鹼水；理想條件為 pH 值 7.8~9.0，GH 值 10~14 度，KH 值 12~18 度（參照 101 頁女王燕尾的註釋）。

餵食：較喜歡冷凍或活的食物，但也吃大部分的水族飼料。

性別區分：未成年魚的性別沒有明顯差異，但成對魚中的公魚通常明顯較大。成年公魚也呈現較長的身形和較延展的魚鰭。

繁殖：底面產卵；母魚通常會挑選入口狹小的洞穴。母魚會守護魚卵和魚苗，直到牠們可以自在地游水。

> 魚的大小：可到 15 公分，母魚會小一點，約 10 公分。

慈鯛科（科名 CICHLIDAE ／科俗名 Cichlids）
彎羅非魚（學名 Cyphotilapia frontosa）
皇冠六間（俗名 FRONTOSA）

25~35公分 10~14 英吋	攝氏 24~27 度 華氏 75~81 度	150 公分 60 英吋

原產地：非洲──坦干依喀湖

水族箱設置：大型水族箱，有充分的開放空間，以大型平滑的石塊仔細堆砌成洞穴，或用陶製或 PVC 塑膠管來取代。

相容性／水族行為特徵：以這個大小來說，沒有太大的攻擊性，可和其他處之泰然又不會太具攻擊性的大魚一起飼養，馬拉威湖開放水域的樸麗魚慈鯛就很適合。雖然在水族箱中充分餵食，不會特別具侵略性，但可能會吃較小的魚。

水質：硬鹼水，理想上 pH 值 7.8~9.0，GH 值 10~14 度，KH 值 12~18 度。。

餵食：在野外，此魚主要是食魚性動物（食魚者），主吃鯉形鯛。提供餌魚，像是銀魚、玉筋魚和銀側魚，也可用貽貝、蝦子或小蝦和蚯蚓。以慈鯛枝棒和圓球飼料做飲食的變化。

性別區分：公魚和年長的母魚，在額頭處傾向有大的項隆肉，公魚的比母魚大。小型未成年魚間，沒有確實的差異。

繁殖：每隻公魚會和三到四隻母魚形成繁殖群體。大型水族箱的群體，會容納其他劣勢的公魚。產卵不像其他的慈鯛種類那麼具攻擊性。母魚會口孵約五週。須移走魚苗以分開養育。

慈鯛科（科名 CICHLIDAE ／科俗名 Cichlids）
鯉型鯛（學名 Cyprochromis leptosoma）
藍劍鯊（俗名 HERING CICHLID 或 SARDING GICHLID）

| 12.5 公分
5 英吋 | 攝氏
23~26 度
華氏
73~79 度 | 120 公分
48 英吋 |

原產地：非洲——坦干依喀湖
水族箱設置：大而深的水族箱，上層有充分的開放游水空間。
相容性／水族行為特徵：通常是和平的魚；可和住在水族箱下層岩棲地的其他坦干依喀慈鯛一起飼養。
水質：硬鹼水；理想條件為 pH 值 7.8~9.0，GH 值 10~14 度，KH 值 12~18 度。
餵食：雜食性；餵食薄片飼料、活的和冷凍食物。
性別區分：公魚比母魚色彩鮮豔，大部分有藍色的背鰭和臀鰭，黃色的尾鰭。
繁殖：理想上，每隻公魚要有數隻母魚。母魚會拾起魚卵，約三星期孵化。釋出魚苗後，母魚就不再照顧牠們了。

慈鯛科（科名 CICHLIDAE ／科俗名 Cichlids）
馬氏柳絮鯛（學名 Julidochromis marlieri）
棋盤鳳凰（俗名 CHEQUERED JULIE）

| 15 公分
6 英吋 | 攝氏
23~27 度
華氏
75~81 度 | 90 公分
36 英吋 |

原產地：非洲——坦干依喀湖
水族箱設置：為每一對或每一群魚建造一個石堆，以分隔領域。
相容性／水族行為特徵：理想上，和相似大小的坦干依喀慈鯛一起飼養，像是燕尾、亮麗魚和（在高水族箱中）群游的鯉形鯛類。成對的魚，對其他的柳絮鯛會變得很有攻擊性。
水質：硬鹼水；理想條件為 pH 值 7.8~9.0，GH 值 10~14 度，KH 值 12~18 度。
餵食：是小掠食者，餵食薄片或顆粒飼料，以充分的冷凍和活食作補充。
性別區分：性別沒有明顯的差異。公魚有顯著的生殖突物，此魚種的成對魚，是母魚有較大的傾向。
繁殖：洞穴產卵，可用平滑的石頭或水草盆當作產卵的洞穴。雙親會防護魚卵和魚苗。

慈鯛科（科名 CICHLIDAE ／科俗名 Cichlids）
布氏新燦鯛（學名 Neolamprologus brichardi）
女王燕尾（俗名 LYRETAIL CICHLID, FAIRY CICHLID）

10 公分 4 英吋	攝氏 24~27 度 華氏 75~81 度	60 公分 24 英吋

原產地：非洲——廣泛分布於坦干依喀湖
水族箱設置：用石塊佈置，可容許硬鹼水的水草。為每一對魚或相似的魚種建造石堆，以分隔領域。
相容性／水族行為特徵：有領域性，特別是繁殖的時候。最好和其他相似大小的坦干依喀慈鯛一起飼養，像是柳絮鯛和亮麗魚。
水質：硬鹼水；pH 值 7.8~9.0。確切的硬度值不是很重要，但 pH 值要一直維持在鹼性（坦干依喀湖的近似值是 GH 值 10~14 度，KH 值 12~18 度）以確保健康和成功繁殖。
餵食：薄片和顆粒飼料，以冷凍或活的食物作補充。
性別區分：成年公魚比母魚大，有較延展的魚鰭；未成年魚則沒有明顯的差異。
繁殖：在合適的條件下容易繁殖，雙親都會保護產卵區。同時會有好幾代的魚苗一起生存。

建議水族箱最小尺寸：一對魚須 60 公分，如果和坦干依喀群居魚一起，則須更大的水族箱。

慈鯛科（科名 CICHLIDAE ／科俗名 Cichlids）
檸檬慈鯛（學名 Neolamprologus leleupi）
黃天堂鳥；桔紅天堂鳥（俗名 LEMON CICHLID）

10 公分 4 英吋	攝氏 24~27 度 華氏 75~81 度	48 公分 120 英吋

原產地：非洲——坦干依喀湖
水族箱設置：有石塊的水族箱，沙子為底砂。
相容性／水族行為特徵：對同種魚很有攻擊性。和相似大小、體型不太相似的坦干依喀慈鯛一起飼養。
水質：硬鹼水；理想條件為 pH 值 7.8~9.0，GH 值 10~14 度，KH 值 12~18 度。
餵食：肉食性；接受大部分的水族飼料，在飲食中包含一些冷凍或活的食物。
性別區分：性別沒有明顯的差異。
繁殖：洞穴產卵。母魚會產下大約 100 個有黏性的卵，並會防護牠們。公魚或許會防護領域區，但成對魚的結合通常並不持久，所以水族箱應要夠大，讓母魚可以遠離公魚的視線。

慈鯛科（科名 CICHLIDAE ／科俗名 Cichlids）
多帶錦麗魚（學名 'Lamprologus' multifasciatus ／同種異名 Neolamprologus multifasciatus）

5 公分
2 英吋

攝氏
24~27 度
華氏
75~81 度

45 公分
18 英吋

九間貝（沒有廣泛使用的英文俗名）

原產地：非洲——坦干依喀湖
水族箱設置：沙子為底砂（或非常細的石礫），搭配許多貝殼。可在背景加上一些小石頭。
相容性／水族行為特徵：貝棲魚種，可在小型魚種的水族箱中群體飼養。或者，可在較大的水族箱中和其他坦干依喀慈鯛一起飼養。對他種魚不太具攻擊性，像是小型燕尾和柳絮鯛。
水質：硬鹼水；理想條件件為 pH 值 7.8~9.0， GH 值 10~14 度，KH 值 12~18 度。
餵食：吃大部分的水族飼料，但最好有冷凍或活的食物。
性別區分：未成年魚的性別沒有明顯差異。在成形的領域中，成年公魚比母魚大，因此當試圖要選一對魚或一群相稱的未成年魚時，魚的大小就可作為粗略的指標。

繁殖：成對魚或一夫多妻繁殖。這些魚會在選作產卵區的貝殼周圍，移動大量的底砂。貝殼入口的附近如有魚苗，表示已有產卵。

慈鯛科（科名 CICHLIDAE ／科俗名 Cichlids）
杜氏斑麗魚（學名 Tropheus duboisi）

12.5 公分
5 英吋

攝氏
24~27 度
華氏
75~81 度

120 公分
48 英吋

珍珠蝴蝶（沒有廣泛使用的英文俗名）

原產地：非洲——廣泛分布於坦干依喀湖
水族箱設置：用石塊佈置成類似馬拉威岩棲性慈鯛水族箱。
相容性／水族行為特徵：對其他的斑麗魚非常有領域性和攻擊性，可飼養多隻來消散攻擊性。和馬拉威岩棲性慈鯛的性情相似，有時會一起飼養。
水質：硬鹼水；理想條件件為 pH 值 7.8~9.0， GH 值 10~14 度，KH 值 12~18 度。
餵食：草食性；有必要在飲食中包含大量的蔬菜類。餵食高蛋白肉類食物，像是顫蚓和紅蟲，會在短時間內造成嚴重的後果。
性別區分：性別沒有明顯差異。成年魚的頭形和身形有些微差異，但只有檢查排泄處才能確實分辨性別。
繁殖：一夫多妻產卵，最好以每隻公魚有好幾隻母

魚的比例飼養。需從魚群中移走口孵的母魚，以防止公魚騷擾牠們。

慈鯛科（科名 CICHLIDAE／科俗名 Cichlids）
玫瑰伴麗魚（學名 Hemichromis lifalili）
紅鑽石（俗名 RED JEWEL CICHLID）

10 公分
4 英吋

攝氏
24~27 度
華氏
75~81 度

90 公分
36 英吋

原產地：非洲——剛果流域

水族箱設置：用沉木和小圓石做佈置，最好有沙子底砂。可包含強健的水草，能附著在石頭或木頭中的水草則特別適合，像是榕類或爪哇蕨，這樣慈鯛就無法將它們挖出來。

相容性／水族行為特徵：有領域性和攻擊性，只和較大、強健的魚一起飼養。

水質：不拘，但最好有軟酸水。

餵食：吃大部分的水族飼料，但飲食中應包含一些肉類冷凍或活的食物。

性別區分：性別沒有明顯差異。

繁殖：底砂產卵，較喜歡在平滑面上產卵。雙親之後會將魚苗移到淺坑中。

慈鯛科（科名 CICHLIDAE／科俗名 Cichlids）
彩腹鯛（學名 Pelvicachromis pulcher）
紅肚鳳凰（俗名 KRIBENSIS, KRIB, PURPLE CICHLID）

10 公分
4 英吋

攝氏
24~27 度
華氏
75~80 度

75 公分
30 英吋

原產地：非洲——奈及利亞

水族箱設置：有水草的水族箱，以沉木、小石窟或破花盆做遮蔽所。

相容性／水族行為特徵：可在群居型水族箱中飼養，但產卵時會非常具有攻擊性。

水質：中硬水；pH 值 6.5~7.5。

餵食：雜食性；餵食薄片和顆粒飼料，以活的和冷凍食物作補充，例如紅蟲、蚊子幼蟲和豐年蝦。

性別區分：通常公魚比母魚大，有較大和較尖的背鰭和臀鰭。母魚在牠們的圓肚區域有較紫紅的色彩。

繁殖：在洞穴產卵，母魚會防護洞穴，而公魚會防護領域區。

熱帶魚寶典

慈鯛科（科名 CICHLIDAE ／科俗名 Cichlids）
金平齒鯛（學名 Aequidens sp.／舊學名 Aequidens rivulatus）
紅尾皇冠；綠寶麗魚（俗名 GREEN TERROR, GOLD SAUM）

20~30公分
8~12英吋

攝氏
21~25度
華氏
70~77度

120公分
48英吋

原產地：南美——厄瓜多爾和祕魯
水族箱設置：可用大型圓石和沉木佈置，可包含強
健的水草。
相容性／水族行為特徵：有領域性，可能會有攻擊
性；和強健的群游魚一起飼養，像是較大的鯽魚，
或是在非常大的水族箱中（大於 400 公升／ 100 加
侖），和相似大小、性情的慈鯛一起飼養。
水質：約中性的 pH 值（6.5~7.5）；中硬水。
餵食：雜食性；給未成年魚薄片、小圓球飼料，冷
凍和活的食物，給成年魚大的圓球飼料和冷凍食
物，像是貽貝。
性別區分：成年公魚在額頭上有長「項隆肉」，比起
母魚，有較尖的背鰭和臀鰭；母魚通常體型較小。
繁殖：底砂產卵，雙親都會照顧魚卵和魚苗。

慈鯛科（科名 CICHLIDAE ／科俗名 Cichlids）
雙冠麗魚（學名 Amphilophus labiatum）
紅魔鬼（俗名 RED DEVIL）

25公分
10英吋

攝氏
23~26度
華氏
73~79度

120公分
48英吋

原產地：中美——尼加拉瓜湖和馬納瓜湖
水族箱設置：可用大型圓石和沉木塊做佈置。如要
包含水草，可用爪哇蕨和爪哇莫絲，將它們附在石
塊或沉木中，並以石頭放在底砂水草的根部四周，
以防止魚將水草連根拔起。
相容性／水族行為特徵：有領域性和攻擊性。
水質：硬鹼水，確切值不是很要緊。
餵食：在野外，此魚種的飲食包含螺、小魚和水中
昆蟲。水族箱中可用多樣的冷凍和活食做替代。
性別區分：公魚比母魚大，有較顯著的項隆肉和較
長的魚鰭。
繁殖：雖然公魚常對母魚很兇，但容易繁殖。

慈鯛科（科名 CICHLIDAE／科俗名 Cichlids）
阿氏隱帶麗魚（學名 Apistogramma agassizii）
阿卡西短鯛；七彩短鯛（俗名 AGASSIZI'S DWARF CICHLID）

7.5公分 3 英吋	攝氏 24~28 度 華氏 75~82 度	60 公分 24 英吋

原產地：南美——廣泛分布於亞馬遜地區
水族箱設置：有水草的水族箱，以沉木塊、石頭或破花盆做洞穴。
相容性／水族行為特徵：通常適合於群居型水族箱，但產卵時會變得有領域性。群游魚，像是燈魚，可當良好的同伴，而且常常會令這種慈鯛更有自信且較不會隱隱藏藏。
水質：軟酸水，最好有 5.8~6.8 的 pH 值。雖然此魚在牠們較喜歡的水質中，可能看來最美，而且會繁殖，但在水族箱中，通常可以適應稍微硬一點的鹼水。
餵食：肉食性，所以較喜歡活的或冷凍食物。
性別區分：公魚比母魚大，有延展的魚鰭和較強烈的色彩。母魚有較多的黃色，尤其是在繁殖時。
繁殖：需有軟酸水的優等水質。以繁殖為目的，可飼養一對魚或一夫多妻。母魚會佔據個別的小領域。以破花盆的形式，提供入口非常小的洞穴。母魚通常會防護魚苗，而公魚會防衛較廣的領域區。通常約一星期，魚苗就可自在地游水。

慈鯛科（科名 CICHLIDAE／科俗名 Cichlids）
絲鰭隱帶麗魚（學名 Apistogramma cacatuoides）
鳳尾短鯛（俗名 COCKATOO DWARF CICHLID）

7.5公分 3 英吋	攝氏 24~28 度 華氏 75~82 度	60 公分 24 英吋

原產地：南美——亞馬遜流域
水族箱設置：有水草的水族箱，石頭和沉木洞穴。
相容性／水族行為特徵：產卵時會有領域性，但適合於群居型水族箱。
水質：軟酸水；雖然此魚種比許多其他的隱帶麗魚更能容許弱鹼水，但最好有 5.8~6.8 的 pH 值。
餵食：肉食性，通常吃乾燥飼料，但較喜歡活的或冷凍食物，像紅蟲、豐年蝦、和蚊子幼蟲。
性別區分：公魚比母魚大，背鰭有引人注目的延展鰭條，牠們的俗名由此而來。
繁殖：可以一對魚或一夫多妻來繁殖此魚種，一夫多妻的母魚會佔據個別的小領域。提供入口非常小的洞穴，母魚通常會防護魚苗，而公魚會防衛較廣的領域區。通常約一星期，魚苗就可自在地游水。

慈鯛科（科名 CICHLIDAE／科俗名 Cichlids）
眼斑星背魚（學名 Astronotus ocellatus）

花豬（俗名 OSCAR）

30公分
12 英吋

攝氏
23~28度
華氏
73~82度

120公分
48 英吋

原產地：南美
水族箱設置：大型水族箱，有充分的開放空間和堅固的裝飾。確認有保護加熱器，以防被破壞。
相容性／水族行為特徵：不能放在群居型水族箱中！此魚種會吃小魚，需細心挑選強健的水族箱同伴；較具攻擊性的慈鯛可能會欺負牠。
水質：不拘；大約中性的 pH 值（6.5~7.5），軟水到中硬水。
餵食：肉食性，吃活的和死的肉類食物、圓球飼料和飼料錠。花豬有時會變得很挑食，所以建議自幼年起，就盡可能讓他們的飲食多樣化。
性別區分：性別沒有明顯的差異；讓成對魚在未成年魚群中自然形成。
繁殖：母魚會在事先清理好的平面上產下大量的卵。雙親都會照顧魚卵和魚苗。

慈鯛科（科名 CICHLIDAE／科俗名 Cichlids）
馬龍鯛（學名 Cleithracara maronii）

鎖洞魚（俗名 KEYHOLE CICHLID）

10公分
4 英吋

攝氏
23~26度
華氏
73~79度

90公分
36 英吋

原產地：南美——奧里諾科河流域、圭亞那、法屬圭亞那和千里達
水族箱設置：用石頭和木頭提供充分的掩護，最好有活水草。水流應緩和到適中。
相容性／水族行為特徵：非常和平的慈鯛，只有在繁殖時，才會變得有顯著的領域性。不要和較有攻擊性的慈鯛一起飼養。
水質：不拘；適合大約中性的 pH 值、中軟到中硬水。
餵食：主要是食蟲性；餵食多樣的乾燥水族飼料，以充分的冷凍和活食作補充。
性別區分：公魚長得比母魚大，有較尖的臀鰭和背鰭。
繁殖：母魚通常在平坦的石頭上產卵，雙親都會防護魚卵。

慈鯛科（科名 CICHLIDAE／科俗名 Cichlids）
九間始麗魚（學名 Cryptoheros nigrofasciatus）
九間波蘿（俗名 CONVICT CICHLID, ZEBRA CICHLID）

15 公分 6 英吋	攝氏 20~25 度 華氏 68~77 度	90 公分 36 英吋

原產地：中美

水族箱設置：用石頭和木頭做掩護，如果喜歡，可加強健的水草。

相容性／水族行為特徵：以此魚的大小來說，相當具攻擊性。水族箱同伴應當是較大的慈鯛或強健的群游魚，像是中型鯽魚；不適於一般的群居型水族箱。

水質：不拘；pH 值 6.8~8.0，中硬水。

餵食：雜食性；餵食薄片和圓球飼料，加上冷凍或活的食物和蔬菜。

性別區分：公魚長得比母魚大，有較長的魚鰭；成熟時，額頭上也會長脂肪隆肉。母魚的下半身會有橘色斑駁塊。

繁殖：一旦形成一對共處的魚，就會非常容易且頻繁地繁殖。會在事先清理好的地方產卵。雙親都會防護魚卵和魚苗。

慈鯛科（科名 CICHLIDAE／科俗名 Cichlids）
巴西珠母麗魚（學名 Geophagus brasiliensis）
西德藍寶石（俗名 PEARL CICHLID）

25 公分 10 英吋	攝氏 20~26 度 華氏 68~79 度	90 公分 36 英吋

原產地：南美——南巴西和烏拉圭

水族箱設置：沙子底砂，以沉木塊和平滑的石頭做佈置。

相容性／水族行為特徵：有領域性，但不會太有攻擊性。群游魚，像是大型燈魚或銀板魚，可當合適的同伴。可和其他較沒有攻擊性的南美慈鯛，像是紅眼黑波蘿、黑雲和寶麗魚，在適當的大型水族箱中一起飼養。

水質：中軟水，較喜歡中性到弱酸性的水，但不是必要。

餵食：雜食性；餵食多樣化的飲食，有乾燥飼料、冷凍或活的食物。

性別區分：公魚比母魚較有鮮豔的顏色和較大的體型，有稍微延展的魚鰭和顯著的項隆肉。

繁殖：底面產卵。母魚會防護魚卵，公魚則防衛領域地。

慈鯛科（科名 CICHLIDAE／科俗名 Cichlids）
純鯛（學名 Heros sp.）

紅眼黑波蘿（俗名 SEVERUM, BANDED CICHLID）

20 公分
8 英吋

攝氏
23~25 度
華氏
73~77 度

90 公分
36 英吋

原產地：南美——奧里諾科和亞馬遜河流域
水族箱設置：深水族箱，一些平坦的石塊和木塊，些許強健的水草。
相容性／水族行為特徵：通常是相當和平的慈鯛，只有在產卵時有攻擊性。會吃群居魚，像燈魚。
水質：較喜歡軟酸水，但在較硬的鹼水中也適應良好。
餵食：肉食性；餵食活的和冷凍食物，加上薄片和圓球飼料。
性別區分：比起母魚，公魚有較尖的魚鰭，在頭部有較明顯的斑紋。

繁殖：讓成對魚在未成年魚群中自然形成。在產下多達 1000 個卵之前，雙親會事先清理一片石塊或其他平坦的表面。雙親會防護魚卵和魚苗，黑菠蘿是實行雙親口孵，和其他相似的菠蘿類形成對比。

慈鯛科（科名 CICHLIDAE／科俗名 Cichlids）
多棘壯非鯽（學名 Herotilapia multispinosa）

藍眼皇后；黃麒麟（俗名 RAINBOW CICHLID）

12.5 公分
5 英吋

攝氏
22~25 度
華氏
71~77 度

75 公分
30 英吋

原產地：中美——哥斯大黎加、尼加拉瓜和宏都拉斯
水族箱設置：提供一些石塊和木頭做掩護，一些活的或人工水草。
相容性／水族行為特徵：相當和平的慈鯛，不要和太有攻擊性的同伴一起混養。
水質：中性 pH 值到弱鹼性，中硬水。
餵食：雜食性；較喜歡冷凍或活的食物，像是紅蟲、糠蝦、和蚊子幼蟲。
性別區分：沒有明顯的區別，但公魚比母魚的顏色鮮艷，有較長和較尖的背鰭和臀鰭。

繁殖：很快就會產卵，會在事先清理好的石塊產下大量的卵。雙親會引導魚苗到挖好的坑洞中，並做防護。

慈鯛科（科名 CICHLIDAE ／科俗名 Cichlids）

快速麗體魚（學名 Mesonauta festivus）

畫眉（俗名 FLAG CICHLID, FESTIVUM）

20 公分
8 英吋

攝氏
23~26 度
華氏
73~79 度

75 公分
30 英吋

原產地：南美——巴西、巴拉圭、祕魯和玻利維亞

水族箱設置：有水草的水族箱，充足的躲藏地點；用石塊和沉木提供庇護所。

相容性／水族行為特徵：和平的魚種；可和不太有攻擊性、相似大小的水族箱同伴一起飼養。

水質：最好是軟水、弱酸性（pH 值 6.0~6.8），即使通常在中性到弱鹼性的水中也適應良好。

餵食：雜食性；接受大部分的食物，可提供一些植物性食物。

性別區分：性別間沒有明顯的差異，但公魚通常較大。

繁殖：不易繁殖，需要軟酸水和較暖和的水溫範圍。母魚會在事先清理好的石塊上產卵，雙親會防護魚卵和照顧魚苗。

慈鯛科（科名 CICHLIDAE ／科俗名 Cichlids）

拉式小食土麗鯛（學名 Papiliochromis ramirezi）

荷蘭鳳凰（俗名 RAM, BLUE RAM, GERMAN RAM）

7.5 公分
3 英吋

攝氏
22~26 度
華氏
72~79 度

60 公分
24 英吋

原產地：南美——哥倫比亞，委內瑞拉

水族箱設置：成熟的水草水族箱，非常好的水質。

相容性／水族行為特徵：非常和平的慈鯛；有攻擊性的水族箱同伴可能會欺負牠。產卵時會出現一點領域性。燈魚和甲鯰是理想的同伴。

水質：中軟水，中性到酸性的 pH 值。無法容許強硬水。

餵食：雜食性；較喜歡冷凍和活的食物，會吃薄片和顆粒飼料。

性別區分：公魚通常比母魚大，背鰭前端有較粗的鰭條，特別是第三支鰭條。母魚的身型比公魚圓，在肚子上有粉紅色的區塊。

繁殖：母魚通常在凹洞或平坦的石塊上產卵。雙親都會防護魚卵和魚苗。

慈鯛科（科名 CICHLIDAE ／科俗名 Cichlids）
十帶麗體魚（學名 Nandopsis octofasciatum ／仍以學名 'Cichlasoma' octofasciatum 著稱，是由於慈鯛屬中最終屬性的混淆。）

十帶麗體魚（俗名 JACK DEMPSEY）

20 公分 8 英吋	攝氏 21~25 度 華氏 70~77 度	120 公分 48 英吋

原產地：南美和中美——南墨西哥、瓜地馬拉和宏都拉斯
水族箱設置：大型水族箱，以石塊和木頭做佈置。因為此魚種可能會將水草連根拔起，所以可用漂浮的水草，或是可附著的水草，像是爪哇蕨或爪哇莫絲。
相容性／水族行為特徵：相當具攻擊性的慈鯛；可和其他強健的慈鯛一起飼養，還有鯰魚像是歧鬚鮠和「異形」，還有中型鯽魚。
水質：中性 pH 值（6.5~7.5），中硬水。
餵食：雜食性；會吃大部分的水族飼料，可偶爾提供植物性食物。
性別區分：公魚比母魚大，有較尖的背鰭和臀鰭。
繁殖：成對的魚很容易在群體中形成，繁殖時會變得非常具攻擊性。母魚會在石塊上產下大量的卵，之後會將魚苗群集到窪坑中。

慈鯛科（科名 CICHLIDAE ／科俗名 Cichlids）
索氏麗體魚（學名 Nandopsis salvini ／學別名'Cichlasoma' salvini）

七彩菠蘿（俗名 SALVIN'S CICHLID, TRI-COLOUR CICHLID, YELLOW-BELLIED CICHLID）

15 公分 6 英吋	攝氏 22~26 度 華氏 71~79 度	90 公分 36 英吋

原產地：北美和中美——墨西哥、貝里斯、瓜地馬拉和宏都拉斯
水族箱設置：提供一些圓石和木頭做掩護，前面留一些開放的游水空間。
相容性／水族行為特徵：以魚的大小來說，非常具攻擊性，特別是繁殖時。可和強健的群游魚，像是鯽魚、較大的鮎魚或彩虹魚，或其他強健的慈鯛，一起在適合的大型水族箱中飼養。
水質：中性到鹼性（pH 值 7.0~7.5），中度到硬水。
餵食：雜食性；較喜歡幼蟲食物，例如紅蟲。
性別區分：公魚通常比較大，雖然兩性在繁殖時色彩都很鮮豔，但比起母魚，公魚有較尖的魚鰭和較鮮豔的色彩。母魚可能在背鰭上有較深的斑駁塊。
繁殖：如果形成了對魚，這種魚應該不會太難產卵。也許會在底砂的開放區域產卵，或在傾斜或垂直的表面。雙親都會照顧魚卵和魚苗。

慈鯛科（科名 CICHLIDAE／科俗名 Cichlids）
馬拉麗體魚（學名 Parachromis managuensis）
珍珠石斑（俗名 JAQUAR CICHLID, MANAGUA CICHLID）

50 公分
20 英吋

攝氏
23~28 度
華氏
73~82 度

150 公分
60 英吋

原產地：中美──哥斯大黎加、尼加拉瓜和宏都拉斯

水族箱設置：需要非常大的水族箱，少量的堅固裝飾，像是大型圓石和沉木塊。

相容性／水族行為特徵：繁殖時會有領域性和非常大的攻擊性，但以如此大小的慈鯛來說，不算過份地有攻擊性。

水質：最好是硬鹼水，明確的參數值並不重要。

餵食：慈鯛圓球飼料、貽貝、蝦子或小蝦、蚯蚓。

性別區分：公魚比母魚大，色彩較強烈，有較尖的背鰭和臀鰭。

繁殖：水溫需維持在標示的高溫範圍。母魚會在事先清理好的表面，通常是平坦的石塊，產下超過一千個卵。魚苗可能在稍後會被移到事先準備好的窪坑中。公魚會防護領域地。

慈鯛科（科名 CICHLIDAE／科俗名 Cichlids）
葉鰭鯛（學名 Pterophyllum scalare）
神仙魚（俗名 ANGELFISH）

15 公分
6 英吋

攝氏
24~28 度
華氏
72~82 度

75 公分
30 英吋

原產地：南美──亞馬遜中部

水族箱設置：高水族箱，長葉水草。

相容性／水族行為特徵：適合大型的群居型水族箱，但繁殖中的對魚會變得具有攻擊性。成年魚或許會吃小燈魚和相似大小的魚。

水質：豢養繁殖的魚能容許大範圍的水質，但野生捕捉的魚較喜歡軟酸水。

餵食：雜食性；吃大部分的水族飼料，以活的或冷凍食物作補充。

性別區分：不易辨別。若要獲得繁殖的成對魚，可讓牠們在未成年的群體中自己形成。

繁殖：成對的魚會清理水草葉或其他垂直的表面，然後在上面產下許多有黏性的卵。可惜的是，很多神仙魚父母會吃掉牠們的魚卵或魚苗，你必須因此分開飼養牠們。然而，在前幾次的產卵時，可將魚卵和魚苗留給父母，讓牠們有機會展現當父母的天性。

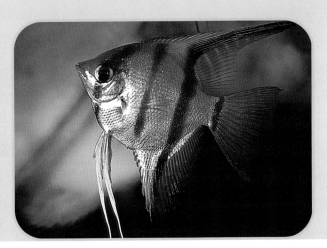

慈鯛科（科名 CICHLIDAE ／科俗名 Cichlids）
合齒鯛（學名 Symphysodon spp.）

七彩神仙魚（俗名 DISCUS）

| 15 公分
6 英吋 | 攝氏
26~30 度
華氏
79~86 度 | 90 公分
36 英吋 |

原產地：南美——亞馬遜河流域

水族箱設置：大型且相當深的水族箱，柔和的燈光與和緩的水循環。

相容性／水族行為特徵：是和平的魚種，但此種魚會在魚群中建立尊卑次序。可在同種魚的水族箱中飼養，或和其他有相似需求的和平魚類一起飼養，例如中型燈魚、甲鯰和短鯛。

水質：軟酸水；雖然可以忍受弱硬的鹼水，但較喜歡 pH 值 6.0~6.5，

餵食：肉食性；吃活的、冷凍食物和顆粒飼料，也吃薄片飼料。

性別區分：辨認性別的唯一確定方法是生殖突物，公魚的是尖的，母魚的則是圓的。

繁殖：母魚會在事先清理好的產卵地點產下卵，雙親都會保護魚卵和魚苗。剛開始，魚苗會以父母分泌的身體黏液為食。

慈鯛科（科名 CICHLIDAE ／科俗名 Cichlids）
米氏麗體魚（學名 Thorichthys meeki）

紅肚火口鯛（俗名 FIREMOUTH）

| 15 公分
6 英吋 | 攝氏
21~25 度
華氏
70~77 度 | 90 公分
36 英吋 |

原產地：北美和中美——墨西哥、瓜地馬拉和貝里斯

水族箱設置：以圓石和木頭作掩護，些許強健的水草和一些開放空間供游水和展示。

相容性／水族行為特徵：不太具攻擊性，但通常不適合一般的群居型水族箱。可和較大和較強健的魚一起飼養，例如中型鯽魚和其他性情相似的慈鯛。

水質：中性到鹼性（pH 值 7.0~7.5），中硬水。

餵食：雜食性；慈鯛圓球、薄片和顆粒飼料，以冷凍或活的食物作補充。

性別區分：公魚比母魚大，顏色較豐富，身上呈現較多的紅色，而且有延展的背鰭和臀鰭。

繁殖：母魚通常會在事先清理好的石塊上產卵，雙親都會照顧魚苗。

慈鯛科（科名 CICHLIDAE ／科俗名 Cichlids）
三角麗魚（學名 Uaru amphiacanthoides）
黑雲（俗名 UARU ／ WAROO, TRIANGLE CICHLID）

25 公分
10 英吋

攝氏
24~28 度
華氏
75~82 度

120 公分
48 英吋

原產地：南美——亞馬遜河流域
水族箱設置：相當大和深的水族箱，周邊有高水草，留充分的開放游水空間。較喜歡柔和的燈光。
相容性／水族行為特徵：以慈鯛來說，是和平的魚種，可和不具攻擊性的魚，在適當的大型水族箱中群體飼養（但公魚會對同種的魚有領域性）。
水質：中軟水；較喜歡中性到弱酸性的水，豢養繁殖的魚忍受度較高。
餵食：雜食性；餵食薄片和顆粒飼料、冷凍或活的食物。也要包含一些植物性食物。
性別區分：性別沒有明顯的差異。
繁殖：最好讓成對魚從群體中形成。通常會選堅硬平滑的產卵地點。雙親會製造身體黏液，讓魚苗在初期時食用；牠們對魚苗的防護不是特別地積極。

慈鯛科（科名 CICHLIDAE ／科俗名 Cichlids）
點麗體魚（學名 Vieja maculicauda）
胭脂火口（俗名 BLACK BELT CICHLID）

25 公分
10 英吋

攝氏
22~26 度
華氏
72~79 度

150 公分
60 英吋

原產地：中美——瓜地馬拉到巴拿馬
水族箱設置：大型水族箱，用堅固的裝飾，像是圓石和大塊沉木。此魚種可能會吃掉水草或將水草連根拔起。
相容性／水族行為特徵：對同類魚和其他魚種非常有攻擊性。可包含強健的群游魚種，來減低產卵時成對魚間的攻擊性。
水質：硬鹼水，但確切的參數值並不重要；在野外常會游進半鹽生區。
餵食：草食性；提供充分蔬菜的多樣化飲食。
性別區分：性別沒有明顯的差異，但公魚較大，可能比母魚鮮艷。
繁殖：底砂產卵，通常會選平坦的石塊當產卵地點，然後母魚會產下幾百到一千多個卵。

鯉

　　鯉目包含了廣大的鯉科，其中有很多受歡迎的水族魚，像是鯽魚、鮈魚、波魚、和「鯊」。另外，有許多鰍的魚科也屬於這一目，而受歡迎的水族魚種主要是屬於鰍科。大多數受歡迎的鯉魚來自東南亞和印度半島，也有的在非洲、北美、和歐洲被發現。

　　鯽魚和鮈魚，是新手經常會碰到的第一隻魚，特別因為牠們通常是耐養的魚種，所以常常先被加在新的水族箱中。淡水「鯊」也很受歡迎，部分是因為牠們的外型和海水鯊魚類似（關於這點，牠們在任一方面都沒有密切的關係）。不過，有些魚種會對同類或相似的魚極有領域性。

　　許多鰍魚種類也是很受歡迎的水族魚，因為牠們可以減少水族箱中螺的數量，或者是因為牠們食水藻的能力而飼養。

鰍科（科名 COBITIDAE ／科俗名 Loaches）
條紋沙鰍（學名 Botia striata）
斑馬鰍（俗名 ZEBRA LOACH, CANDY-STRIPE LOACH）

| 7.5 公分 3 英吋 | 攝氏 23~26 度 華氏 73~79 度 | 75 公分 30 英吋 |

原產地：南印度
水族箱設置：有水草的水族箱，以沉木或石塊作為躲藏處；較喜歡沙子鋪底的底砂。
相容性／水族行為特徵：在群居型水族箱中通常很和平。群體飼養時會比較活潑，會有一些無傷大雅的追逐行為。可和其他和平的鰍魚一起飼養。
水質：中軟到中硬水；弱酸性到鹼性（pH 值 6.5~7.8）。
餵食：雜食性；薄片和顆粒飼料，以冷凍或活的食物作補充。吃螺。
性別區分：不詳。
繁殖：不詳。

鰍科（科名 COBITIDAE ／科俗名 Loaches）
皇冠沙鰍（學名 Chromobotia macracanthus ／舊學名 Botia macracanthus）
三間鼠（俗名 CLOWN LOACH）

| 30 公分 12 英吋 | 攝氏 24~30 度 華氏 75~86 度 | 15 公分 6 英吋 |

原產地：南亞——婆羅洲、蘇門答臘島
魚的大小：至 30 公分，但在水族箱中通常比較小。
水族箱設置：提供充分的躲藏處，因為此魚喜歡在白天的時候躲起來，而且常常把自己擠在木頭或石頭的小縫中。
相容性／水族行為特徵：通常是和平的群居魚，可和不同大小的魚良好混養。是具社群性的鰍魚，要群體飼養。
水質：中軟水；較喜歡弱酸性到中性的水（pH 值 6.0~7.0），但會適應較硬和較鹹的水。
餵食：雜食性，但較喜歡肉類食物像是紅蟲。會吃大部分的水族飼料。
性別區分：性別的差異不詳，但母魚可能身型較飽滿。
繁殖：雖然三間鼠在魚場中被商業化地大量繁殖，但在水族箱中只有偶爾產卵的記錄，並沒有詳細細節。

鰍科（科名 COBITIDAE／科俗名 Loaches）

庫勒潘鰍（學名 Pangio kuhlii）

蛇魚；古力泥鰍（俗名 KUHLI LOACH，常被誤寫成「COOLIE LOACH」）

10 公分 4 英吋　攝氏 21~25 度 華氏 70~77 度　60 公分 24 英吋

原產地：南亞，即婆羅洲、蘇門答臘島、泰國和馬來半島

水族箱設置：軟沙為底砂。其他的裝飾可包含小石頭和木塊、活的或人工水草。

相容性／水族行為特徵：和平的底面覓食者；群體飼養。

水質：不拘，但最好是中軟、弱酸性的水。

餵食：雜食性；較喜歡小的冷凍和活食。

性別區分：性別的差異不詳。

繁殖：偶爾會成功，但細節粗略。

鰍科（科名 COBITIDAE／科俗名 Loaches）

小沙鰍（學名 Yasuhikotakia sidthimunki／舊學名 Botia sidthimunki）

潛水艇鼠；網球鼠；鍊鰍（俗名 CHAIN LOACH）

10 公分 4 英吋　攝氏 24~28 度 華氏 71~81 度　60 公分 24 英吋

原產地：泰國、柬埔寨、寮國

魚的大小：10 公分，在水族箱中通常較小，但曾有在野外捉到大至 15 公分樣本的記載。

水族箱設置：有水草的水族箱，最好有沙子底砂，以一些小石頭或木塊來完成佈置。

相容性／水族行為特徵：是和平的魚種，很適合群居型水族箱。群體飼養。

水質：最好是軟水和弱酸性的水，但現今得到魚場的繁殖魚，可能會容許較大範圍的水質參數。

餵食：雜食性；較喜歡小的冷凍和活食。

性別區分：性別的差異不詳。

繁殖：沒有家中水族箱繁殖的記載。

鯉科（科名 CYPRINIDAE／科俗名 Carps and Minnows）
黑鰭袋唇魚（學名 Balantiocheilos melanopterus）
銀鯊（俗名 SILVER SHARK, BALA SHARK, TRICOLOUR SHARK）

| 35 公分
14 英吋 | 攝氏
22~28 度
華氏
72~82 度 | 120 公分
48 英吋 |

原產地：南亞，即婆羅洲、蘇門答臘島、泰國和馬來半島

魚的大小：至 35 公分，但在水族箱中通常較小，約 15~20 公分

水族箱設置：需大型水族箱，有充分的游水空間和無尖銳的裝飾。用高的人工或真水草，搭配木頭來提供一些遮蔽。

相容性／水族行為特徵：儘管可長得很大，是非常和平的魚。有領域性的魚例如紅尾黑鯊，可能會騷擾此魚種。有緊張的性情，如被驚嚇，可能會撲向或撞到裝飾品。

水質：最好是中軟、弱酸性的水（pH 值 6.5~7.0），但在較硬和較鹼的水中適應良好。

餵食：雜食性；會熱情地吃完所供應的幾乎任何食物。在飲食中加蔬菜。

性別區分：性別的差異不詳，母魚的身形可能比公魚的沉重。

繁殖：很少在水族箱中繁殖。

鯉科（科名 CYPRINIDAE／科俗名 Carps and Minnows）
施瓦氏四鬚魮（學名 Barbonymus schwanenfeldii，以很多異名被知曉）
黑尾泰國鯽（俗名 TINFOIL BARB）

| 35 公分
14 英吋 | 攝氏
22~25 度
華氏
72~77 度 | 150 公分
60 英吋 |

原產地：亞洲——泰國、馬來半島、婆羅洲、蘇門答臘島

魚的大小：至 35 公分，但在水族箱中通常較小，約 15~20 公分。

水族箱設置：大型水族箱，有充分的游水空間，人工或很強健的水草；此魚種會吃活水草。

相容性／水族行為特徵：沒有攻擊性，在合適尺寸的展示水族箱中，是其他大型無攻擊性魚種的好同伴。可能會吃非常小的魚。

水質：最好是中軟、弱酸性的水（pH 值 6.5~7.0），但能容許一定範圍的水質參數。

餵食：草食性，但接受大部分的食物。

性別區分：兩性沒有明顯的差異。

繁殖：是魚卵散佈者。雖然此魚種已被商業性地繁殖，但沒有水族箱繁殖的記載。

鯉科（科名 CYPRINIDAE ／科俗名 Carps and Minnows）

暹羅穗唇魮（學名 Crossocheilus siamensis）

黑線飛狐（俗名 SIAMESE ALGAE EATER）

15 公分 6 英吋	攝氏 24~26 度 華氏 75~79 度	90 公分 36 英吋

原產地：東南亞

水族箱設置：有水草的群居型水族箱。

相容性／水族行為特徵：對其他魚種沒有攻擊性，因此適合於群居型水族箱；比一些外型相似的魚較無攻擊性。

水質：最好是中軟、弱酸到中性的水，但能容許較硬的水。

餵食：雜食性；是很好的食藻魚；在飲食中加一些蔬菜。

性別區分：性別的差異不詳；母魚的身型可能比公魚的長。

繁殖：沒有水族箱繁殖的記載。

鯉科（科名 CYPRINIDAE ／科俗名 Carps and Minnows）

紅鰭圓唇魚（學名 Cyclocheilichthys janthochir）

紅鰭銀鯊（俗名 RED-FIN SILVER SHARK, RED-FIN RIVER BARB）

20 公分 8 英吋	攝氏 23~26 度 華氏 73~79 度	120 公分 48 英吋

原產地：亞洲——印尼

水族箱設置：用木頭、高的活水草或人工水草做佈置，留充分開放水域的游水空間。

相容性／水族行為特徵：是活潑、但通常和平的群游魚。

水質：最好是軟水和弱酸水，但不是很重要。

餵食：雜食性；餵食多樣化的乾燥水族飼料，以冷凍或活的食物作補充。

性別區分：母魚可能比公魚大，身型較長。

繁殖：沒有水族箱繁殖的記載。

鯉科（科名 CYPRINIDAE／科俗名 Carps and Minnows）

閃電魣（學名 Danio albolineatus）

珍珠斑馬；珍珠魣（俗名 PEARL DANIO）

6 公分 2.5 英吋	攝氏 20~26 度 華氏 68~79 度	75 公分 30 英吋

原產地：廣布亞洲

水族箱設置：佈置不是很重要，因為此魚大部分的時間都在水面，也不常找遮蔽。不過可加一些高水草。

相容性／水族行為特徵：活潑的群游魚，應群體飼養，是理想的群居魚。

水質：不拘，可在多種環境中生長良好。

餵食：雜食性；餵食薄片和顆粒飼料、冷凍和活的食物。

性別區分：公魚傾向於比母魚鮮豔，而母魚體型較圓大。

繁殖：水溫維持在建議範圍。母魚會在細葉水草上散佈卵，產卵後須立刻將成年魚移走，以防止牠們吃魚卵。

鯉科（科名 CYPRINIDAE／科俗名 Carps and Minnows）

斑馬魣（學名 Danio rerio）

斑馬（俗名 ZEBRA DANIO）

6 公分 2.5 英吋	攝氏 18~25 度 華氏 64~77 度	75 公分 30 英吋

原產地：亞洲——巴基斯坦、印度、孟加拉、尼泊爾和緬甸

水族箱設置：水草水族箱，有開放的游水空間。

相容性／水族行為特徵：非常好的群居魚，是很活潑的游水者。

水質：對此種耐養的魚不是很重要。

餵食：接受大部分的水族飼料。

性別區分：母魚的體型比公魚圓，通常也稍微大一點。

繁殖：相當容易繁殖；水溫維持在建議範圍，並維持在中軟水。在有細葉水草的水族箱中，以一對魚來繁殖，其中，母魚會散佈魚卵。產卵後立刻將成年魚移走，以防止牠們吃魚卵。魚卵約 48 小時後孵化。

鯉科（科名 CYPRINIDAE ／科俗名 Carps and Minnows）
雙色角魚（學名 Epalzeorhynchos bicolor）
紅尾黑鯊（俗名 RED-TAILED BLACK SHARK）

| 12.5 公分 5 英吋 | 攝氏 22~26 度 華氏 72~79 度 | 90 公分 36 英吋 |

原產地：東南亞——泰國。所有市面上的魚都是豢養繁殖的，此魚種在野外已絕跡了。

水族箱設置：以水草、沉木和石塊提供充分的佈置。

相容性／水族行為特徵：有領域性，也常有攻擊性，特別是對相似外形的魚，所以不應在水族箱中加這樣的魚。可加進住在水族箱上方區域、強健的魚，像是鯽魚、鮰魚、和彩虹魚。

水質：較喜歡中軟、弱酸水（pH 值 6.5~7.0），但容許較鹹的水。

餵食：雜食性；吃一些水藻，在飲食中加蔬菜、薄片飼料、冷凍或活的食物。

性別區分：性別的差異不詳；公魚的背鰭也許比母魚的尖。

繁殖：沒有詳細的記錄。因為有攻擊性，水族箱中只會偶爾繁殖成功。

鯉科（科名 CYPRINIDAE ／科俗名 Carps and Minnows）
鬚唇角魚和泰國雙角魚（學名 Epalzeorhynchos frenatum and Epalzeorhynchos munense）
彩虹鯊；紅鰭鯊（俗名 RED-FINNED SHARK, RUBY SHARK, RAINBOW SHARK）

| 15 公分 6 英吋 | 攝氏 22~26 度 華氏 72~79 度 | 90 公分 36 英吋 |

原產地：東南亞——泰國，寮國

水族箱設置：水草水族箱，有沉木或石塊的洞穴。

相容性／水族行為特徵：有領域性，會具攻擊性。和紅尾黑鯊一樣，牠的攻擊性可能較會針對於那些同種的魚或相似外形的魚。

水質：較喜歡中軟、弱酸水（pH 值 6.5~7.0）。

餵食：雜食性；在飲食中加蔬菜，也吃水藻。

性別區分：公魚的體型比母魚纖細。

繁殖：水族箱中只會偶爾成功，攻擊性是一大問題。

鯉科（科名 CYPRINIDAE ／科俗名 Carps and Minnows）

麗鰭角魚（學名 Epalzeorhynchos kalopterus）

飛狐（俗名 FLYING FOX）

15 公分 6 英吋	攝氏 24~26 度 華氏 75~79 度	90 公分 36 英吋

原產地：馬來、泰國半島和印尼

水族箱設置：有水草的水族箱和充分的佈置。

相容性／水族行為特徵：對同類魚有領域性。可在群居型水族箱中，放能容忍此魚偶有強悍行為的他種魚一起飼養，像是強健的鯽魚。

水質：較喜歡中軟、弱酸水（pH 值 6.5~7.0），但不是必要。

餵食：雜食性；在飲食中包含蔬菜。

性別區分：性別的差異不詳。

繁殖：沒有水族箱繁殖的記載。

鯉科（科名 CYPRINIDAE ／科俗名 Carps and Minnows）

何氏細鬚鲃（學名 Leptobarbus hoevenii）

紅尾金絲；蘇丹魚（俗名 CIGAR SHARK, RED-FINNED RIVER BARB）

100 公分 39 英吋	攝氏 23~26 度 華氏 73~79 度	180 公分 72 英吋

魚的大小：可到 100 公分，但在家庭水族箱中，較可能只到 45 公分。

原產地：亞洲——泰國到蘇門答臘島和婆羅洲

水族箱設置：需要充分的開放游水空間和適當的水流。可用大塊木頭和高水草來做佈置。

相容性／水族行為特徵：群游魚，不具攻擊性，應可和其他大型魚種，像是黑尾泰國鯽，混養良好。

水質：約中性的 pH 值；中軟到中硬水。

餵食：雜食性；在飲食中包含蔬菜。

性別區分：性別的差異不詳。

繁殖：沒有水族箱繁殖的記載。

鯉科（科名 CYPRINIDAE ／科俗名 Carps and Minnows）
玫瑰無鬚魮（學名 Puntius conchonius）
玫瑰鯽（俗名 ROSY BARB）

12.5 公分
5 英吋

攝氏
18~23 度
華氏
64~73 度

90 公分
36 英吋

原產地：亞洲——阿富汗、巴基斯坦、印度、尼泊
爾和孟加拉
水族箱設置：水草水族箱，有充分的游水空間。
相容性／水族行為特徵：最好將此魚與其他精力充
沛的群居魚一起飼養，可能會騷擾或咬有長鰭、游
水緩慢的魚。
水質：中軟水，約中性（pH 值 6.5~7.5）。
餵食：雜食性；餵食薄片、顆粒飼料，冷凍和活的
食物。
性別區分：比起母魚，公魚身上有較多的紅顏色。
繁殖：典型的魚卵散佈者；移走成年魚，以防牠們
吃掉魚卵。每隻公魚配兩隻母魚。

鯉科（科名 CYPRINIDAE ／科俗名 Carps and Minnows）
紅紋無鬚魮（學名 Puntius denisonii）
一眉道人（俗名 RED-LINE TORPEDO BARB）

15 公分
6 英吋

攝氏
18~25 度
華氏
64~77 度

120 公分
48 英吋

原產地：印度
水族箱設置：大型水族箱，有充分的游水空間，用
強健的水草。維持充份充氧的水和良好的水流速。
相容性／水族行為特徵：通常不具攻擊性；和其他
精力充沛的群居魚種一起飼養。
水質：中軟水到弱硬水，約中性（pH 值 6.5~7.5）。
餵食：雜食性；接受大部分的水族飼料。可能會吃
軟葉水草。
性別區分：性別的差異不詳。
繁殖：沒有家庭水族箱繁殖的記述，但現有商業性
繁殖。

鯉科（科名 CYPRINIDAE／科俗名 Carps and Minnows）
四斑無鬚魮（學名 Puntius everetti）
皇冠鯽（俗名 CLOWN BARB）

15 公分 6 英吋	攝氏 24~29 度 華氏 75~84 度	90 公分 36 英吋

原產地：亞洲——婆羅洲和蘇門答臘島

水族箱設置：周邊放石塊、木頭和強健的水草，留充分的開放游水空間。

相容性／水族行為特徵：是精力充沛的鯽魚，不要和膽怯的魚種放在一起。

水質：不拘，但最好是中軟和弱酸水。

餵食：雜食性；餵食薄片、顆粒飼料，冷凍或活的食物，並包含大量的蔬菜。

性別區分：公魚通常色彩較鮮明，身型也比母魚纖細。

繁殖：是魚卵散佈者；用軟水、建議的水溫範圍。

鯉科（科名 CYPRINIDAE／科俗名 Carps and Minnows）
側條無鬚魮（學名 Puntius lateristriga）
郵差魚（俗名 SPANNER BARB）

18 公分 7 英吋	攝氏 24~27 度 華氏 75~81 度	90 公分 36 英吋

原產地：亞洲——馬來半島到婆羅洲

水族箱設置：可用石塊、木頭和強健的水草，留充分的開放游水空間。

相容性／水族行為特徵：是強悍的魚種，應和相似精力充沛的魚種一起飼養。較年長的魚就不太願意群游。

水質：不拘，但最好是中軟、弱酸到中性的水。

餵食：雜食性；餵食薄片、顆粒飼料，冷凍或活的食物，並包含大量的蔬菜。

性別區分：公魚的身形比母魚的纖細。

繁殖：典型的魚卵散佈者。

6公分
2.5 英吋

攝氏
21~26度
華氏
70~79度

75公分
30英吋

鯉科（科名 CYPRINIDAE ／科俗名 Carps and Minnows）
黑帶無鬚䰾（學名 Puntius nigrofasciatus）
鑽石黑三間（俗名 BLACK RUBY BARB）

原產地：亞洲——斯里蘭卡

水族箱設置：水草水族箱，有開放的游水空間。避免太明亮的照明，或可用漂浮水草來提供遮蔭。

相容性／水族行為特徵：精力充沛但和平的魚種，是群居魚。群體飼養。

水質：最好是中軟、弱酸水（pH 值 6.5~7.0），但不是必要。

餵食：雜食性；餵食薄片和顆粒飼料，以冷凍或活的食物作補充，並包含蔬菜。吃絲狀藻。

性別區分：繁殖狀況中的公魚，會呈現鮮豔的紅或黑色，也就是此魚種的英文俗名黑色紅寶石的由來。雖然母魚的身型較長，但公魚也較母魚大一點。

繁殖：為了產卵，應有軟水和高溫的水溫範圍。產卵通常在早上發生，母魚會將卵散佈在水草中。如果不移走魚卵，成年魚會吃掉它們。魚卵約 24 小時後孵化，魚苗在幾天後就會自在地游水。

鯉科（科名 CYPRINIDAE ／科俗名 Carps and Minnows）
五帶無鬚䰾（學名 Puntius pentazona）
紅五間鯽（俗名 PENTAZONA BARB, FIVE-BANDED BARB）

7.5公分
3 英吋

攝氏
23~26度
華氏
73~79度

60公分
24 英吋

原產地：東南亞——婆羅洲、馬來半島、新加坡

水族箱設置：充足水草的水族箱，有充分的遮蔽給這個膽怯的魚種。避免太明亮的照明，或可提供遮蔭。

相容性／水族行為特徵：非常和平的群居魚，有較強悍的魚在時，可能就會膽怯。群體飼養。

水質：較喜歡中軟、弱酸水（pH 值 6.0~7.0）。

餵食：雜食性；接受大部分的食物，但較喜歡小型冷凍或活的食物。

性別區分：公魚傾向於較鮮豔，且比母魚細小。

繁殖：用軟酸水，繁殖箱維持在建議的水溫範圍。此魚種是典型的魚卵散佈者，但繁殖不易。

鯉科（科名 CYPRINIDAE ／科俗名 Carps and Minnows）
四帶無鬚魮（學名 Puntius tetrazona）

四間；虎皮魚（俗名 TIGER BARB, SUMATRA BARB）

7.5 公分
3 英吋

攝氏
20~26 度
華氏
68~79 度

75 公分
30 英吋

原產地：亞洲——婆羅洲和蘇門答臘島
水族箱設置：水草水族箱，有充分的游水空間給這個活潑的群游魚種。
相容性／水族行為特徵：養魚者常常會在群居型水族箱中包含此魚，但牠是有名的咬鰭者。可以飼養一群至少六到八隻的魚來降低咬鰭的傾向。然而，和任何游水緩慢並有長鰭的魚一起飼養，例如公孔雀魚，還是不明智。
水質：最好有中軟、弱酸水（pH 值 6.5~7.0），但當然不是必要，因為此魚種可在較硬和較鹼的水中生長良好。
餵食：雜食性；接受大部分的食物。
性別區分：公魚比母魚鮮豔和細小。
繁殖：典型的魚卵散佈者。可能最好讓成對魚從群體中形成。建議用分開的水族箱來產卵，這樣，就可在產卵後將成年魚放回主要水族箱，以避免牠們吃掉魚卵。

鯉科（科名 CYPRINIDAE ／科俗名 Carps and Minnows）
異斑無鬚魮（學名 Puntius ticto）

鑽石玫瑰鯽；異斑小䰾（俗名 TICTO BARB, ODESSA BARB）

10 公分
4 英吋

攝氏
14~23 度
華氏
57~73 度

75 公分
30 英吋

原產地：廣布亞洲——印度、巴基斯坦、孟加拉、尼泊爾、斯里蘭卡、緬甸和泰國
水族箱設置：有充足水草的水族箱，以石塊和沉木來完成佈置。
相容性／水族行為特徵：和平的魚種，應可在群居型水族箱，和其他相似大小的魚良好混養。
水質：最好有軟酸水，但此魚種沒有太多的要求。
餵食：雜食性；餵食薄片飼料、冷凍和活的食物。
性別區分：繁殖狀況中的公魚會有鮮紅的橫帶紋，背鰭上也有較明顯的黑斑。
繁殖：母魚會在細葉水草上散佈卵。產卵後要將父母移走，以避免牠們吃掉魚卵。魚卵約 24 到 36 小時後孵化。

鯉科（科名 CYPRINIDAE／科俗名 Carps and Minnows）
櫻桃無鬚魮（學名 Puntius titteya）
櫻桃燈（俗名 CHERRY BARB）

5 公分
2 英吋

攝氏
23~26 度
華氏
73~79 度

60 公分
24 英吋

原產地：斯里蘭卡
水族箱設置：充足水草的水族箱，有一些漂浮水草
或突出的高梗水草作遮蔭。
相容性／水族行為特徵：和平的鯽魚，適合群居型
水族箱。如果和活力較充沛的魚一起飼養，可能會
變得膽怯。
水質：中軟到中硬水，約中性的 pH 值（6.5~7.5）。
餵食：雜食性；接受大部分的食物；要包含蔬菜。
性別區分：繁殖時，公魚會變成深櫻桃紅，母魚是
棕紅色，身形比公魚飽滿。
繁殖：在有細葉水草的繁殖箱中用軟酸水。魚卵 24
小時孵化。和其他鯽魚一樣，如果有機會，父母可
能會吃掉魚卵。

鯉科（科名 CYPRINIDAE／科俗名 Carps and Minnows）
美麗波魚（學名 Boraras maculatus）
小丑燈；迷你紅兩點（俗名 PYGMY RASBORA, DWARF RASBORA）

2.5 公分
1 英吋

攝氏
24~28 度
華氏
75~82 度

60 公分
24 英吋

原產地：亞洲——馬來半島到蘇門答臘島、印尼
水族箱設置：有充足水草的水族箱，提供充分的遮
蔽。
相容性／水族行為特徵：和平的魚種，相當的膽
怯。不要和較強悍的魚一起飼養。
水質：較喜歡軟水和弱酸水。
餵食：薄片、微粒飼料和小型冷凍或活的食物。
性別區分：公魚比母魚纖細，顏色較鮮明。
繁殖：用軟酸水和建議的水溫範圍。產卵在細葉水
草上。魚卵約 24 到 36 小時後孵化。魚苗很小，所
以很難飼養。

鯉科（科名 CYPRINIDAE／科俗名 Carps and Minnows）
剪刀尾波魚（學名 Rasbora caudimaculata）

紅尾剪刀（俗名 RED SCISSORTAIL, GREATER SCISSOR-TAIL）

| 15公分
6英吋 | 攝氏
20~26度
華氏
68~79度 | 120公分
48英吋 |

原產地：東南亞——馬來西亞、印尼和湄公河流域
下游
水族箱設置：水草水族箱，有充分的開放游水空間
和密合的蓋子（此魚種可能會跳出）。
相容性／水族行為特徵：精力很充沛但和平的群居
魚。
水質：較喜歡中軟水和弱酸水（pH值6.0~6.8）。
餵食：雜食性；接受大部分的食物。
性別區分：公魚比母魚細長，臀鰭有黃顏色。
繁殖：沒有水族箱中繁殖的記載，可能和其他波魚
種類相似。

餵魚

普遍給很小魚苗做食物的是滴蟲，為一種微生物培養而成。可自己製造。將一些水族箱的水留在罐子中一到兩週的時間，並有食物來源（一塊水果或蔬菜，像是香蕉皮或馬鈴薯皮），直到水變得混濁。市面上也有液體的懸浮食物，呈乳狀。而第二階段的食物，並對大魚苗有益的，是活的（或冷凍的）幼小豐年蝦、小蟲和市售的粉狀魚苗飼料。地方上的養魚社團、水族商店和網路資訊，是得到如何培育活食，或獲得新手養殖資訊的好來源。

鯉科（科名 CYPRINIDAE ／科俗名 Carps and Minnows）
三線波魚（學名 Rasbora trilineata）
黑剪刀（俗名 SCISSORTAIL, THREE-LINE RASBORA）

10 公分 4 英吋	攝氏 21~25 度 華氏 70~77 度	75 公分 30 英吋

原產地：亞洲——湄公河和湄南河流域、馬來半島、蘇門答臘島和婆羅洲
水族箱設置：水草水族箱，有充分的開放游水空間。
相容性／水族行為特徵：精力充沛但和平的群游魚，是理想的群居型水族箱之選。
水質：較喜歡中軟、酸性到弱鹼的水，但不是必要。
餵食：雜食性；餵食薄片和顆粒飼料、冷凍和活的食物。
性別區分：兩性沒有明顯的差異，但公魚比母魚纖細。
繁殖：不易繁殖；用軟酸水和建議的水溫範圍。母魚會在細葉水草上散佈卵，產卵後須移走父母。

鯉科（科名 CYPRINIDAE ／科俗名 Carps and Minnows）
異形波魚（學名 Trigonostigma heteromorpha ／舊學名 Rasbora hetero-morpha）
正三角燈（俗名 HARLEQUIN RASBORA）

5 公分 2 英吋	攝氏 22~26 度 華氏 72~79 度	60 公分 24 英吋

原產地：東南亞——泰國到蘇門答臘島
水族箱設置：水草水族箱，有漂浮水草的遮蔭或柔和的燈光。
相容性／水族行為特徵：和平的群居魚，可和其他小型和平的魚一起飼養。
水質：較喜歡中軟、弱酸水（pH 值 6.0~6.5）。
餵食：雜食性；餵食薄片飼料、小型冷凍和活的食物。
性別區分：公魚身上的黑色區塊下部，會稍微的延展並較圓潤。母魚身上的黑色部份，則有平直的邊緣。在成年魚群中，公魚會稍微纖細一點。
繁殖：用強軟、成熟的酸水。產卵後移走父母，魚卵在 24 小時後孵化。

雙孔魚科（科名 GYRINOCHEILIDAE／科俗名 Algae eaters）
湄公雙孔魚（學名 Gyrinocheilus aymonieri）
青苔鼠；食藻魚（俗名 ALGAE EATER, SUCKING LOACH）

25 公分
10 英吋

攝氏
23~28 度
華氏
73~82 度

90 公分
36 英吋

原產地：亞洲——湄公河、湄南河和湄公河流域和
北馬來半島

水族箱設置：大的群居型水族箱，以沉木和石塊做
藏身處。

相容性／水族行為特徵：可能會變得有攻擊性，尤
其是較年長時。適合較大的群居型水族箱，可搭配
大型、較強健的魚。可能會試圖吸附在體型深的魚
側面，像是神仙魚和絲足爐。

水質：最好是中軟、弱酸水（pH 值 6.0~7.0），但能
容許較硬、較鹼的水。

餵食：雜食性；會吃大部分的水族飼料，年幼時是
很好的食藻魚。

性別區分：性別的差異不詳。

繁殖：沒有詳細的記載；已有商業性的繁殖。

鱂魚

　　產卵的齒鯉，在養魚愛好中通常被歸為鱂魚，或只是「鱂」。牠們在全球的分布區域非常廣泛，但大部分的魚種來自非洲和南美的熱帶區。

　　有些鱂魚以「一年生」而有名，因為牠們的自然生命週期，典型地維持不到一年。成年魚在乾季前產卵，並在雨季回復前在溼潤的底面成長。其他的鱂（佔大多數）則是「非一年生」，壽命約有五年。非常少種的鱂魚，可普遍在商店中買到，牠們在飼養者中較能代表著相當專科的地位，而且常常透過地方上、全國性和國際性社團的往來繁殖飼養。儲存的魚卵，而不是魚本身，常拿來交易。專門的鱂魚飼養者，會為此魚設置好幾打的小繁殖箱，這也不算不尋常。然而，很多魚種也可在群居型水箱中，和適當的水族同伴一起飼養。

蝦鯧科（科名 APLOCHEILIDAE ／科俗名 Killifish）
剛青琴尾魚（學名 Fundulopanchax gardneri gardneri）
藍彩鱂 （俗名 STEEL-BLUE KILLIFISH, BLUE LYRETAIL）

6公分	攝氏	40公分
2.5 英吋	22~25度 華氏 71~77 度	16 英吋

原產地：非洲——奈及利亞和西喀麥隆

水族箱設置：水草水族箱，有柔和的燈光與和緩的水循環。

相容性／水族行為特徵：可在群居型水族箱中飼養此魚種，只要沒有小的燈魚或相似魚就好。大部分認真的鱂魚飼主或繁殖者，會把鱂魚放在同魚種的水族箱中。公魚會爭鬧。

水質：軟酸水（pH 值 6.0~6.5）。

餵食：雜食性；吃薄片飼料，以小型活的和冷凍食物作補充。

性別區分：公魚比母魚色彩鮮豔。

繁殖：母魚會在細葉水草上散佈卵。此魚種要花久一點的時間孵化，約三到四星期。

蝦鯧科（科名 APLOCHEILIDAE ／科俗名 Killifish）
貢氏假鰓鯧（學名 Nothobranchius guentheri）
紅圓尾鱂 （俗名 RED-TAIL NOTHO, GUENTHER'S NOTHO）

6公分	攝氏	40公分
2.5 英吋	22~26度 華氏 72~79 度	16 英吋

原產地：非洲——桑吉巴島特有

水族箱設置：沒有產卵時，可在小型的水草水族箱中飼養。較喜歡深暗的底砂和柔和的燈光。

相容性／水族行為特徵：可在群居型水族箱中飼養此魚種，只要沒有小的燈魚或相似魚就好。鱂魚飼主者會把此魚放在同魚種的水族箱中飼養。公魚會爭鬧。

水質：軟水和弱酸水。

餵食：吃薄片和小型顆粒飼料、冷凍或活的食物。

性別區分：公魚比母魚色彩鮮豔許多。

繁殖：此魚種以成對魚產卵，不過在少數情況中，會以一隻公魚搭配兩到三隻母魚產卵。底砂產卵，會潛到軟底砂中（通常是泥炭苔），埋起魚卵。為模仿自然的情況，即小水塘在乾季時會消失，可將含有魚卵的泥炭苔從水族箱中移出，部分弄乾，再裝袋儲藏三個月。一旦回到小水族箱中，再度將泥炭土弄濕時，魚苗應在 24 小時內出現。新孵化的豐年蝦幼生或小蟲，是魚苗很好的初食。

胎鱂

　　卵胎生的齒鯉，在養魚愛好中簡單地被歸為胎鱂，是最被普遍飼養的水族魚之一，尤其是對入門者來說。就如牠們的名字所暗示，此魚會生下有生命的幼魚，而不是像大多數其他的魚一樣會產卵。牠們源自於美國南方的各州，一直到中美和南美，然而魚的族群已建立在世界上的許多其他部分了。

　　有四種魚已成為熱衷者中的主要養魚：孔雀魚、茉莉、劍尾和紅劍。市面上有很多豢養繁殖的多樣品種和這些魚的混血品種，多到反而很少看到原始的野生魚種。除了一般的栽培品種以外，還有一些更稀有、更具挑戰性的胎鱂魚，提供給熱衷的養魚者。

　　對許多飼主來說，胎鱂是拿來繁殖魚的初次經驗。大部分的普通胎鱂魚種很容易繁殖，水族箱中因有數代幼苗而變得太過擁擠並不會不尋常。

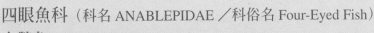

四眼魚科（科名 ANABLEPIDAE ／科俗名 Four-Eyed Fish）
上臀魚（學名 Anableps anableps）
四眼魚（俗名 FOUR-EYED FISH）

30 公分 12 英吋	攝氏 24~28 度 華氏 75~82 度	120 公分 48 英吋

原產地：南美——千里達、委內瑞拉，到巴西的亞馬遜三角洲

水族箱設置：最好有淺的半淡鹹水水族箱，用樹根和樹枝模擬紅樹林沼澤。使用密合的蓋子，因為此魚可能會跳出。

相容性／水族行為特徵：和相似大小、沒有攻擊性的魚一起飼養，牠可能會吃小型水面棲息的魚。

水質：硬鹹水，或些微的半淡鹹水。

餵食：吃大部分的漂浮食物，包括乾燥飼料。以冷凍和活的食物來變化飲食。

性別區分：公魚有生殖足（變更的臀鰭），比母魚小。

繁殖：四眼魚是卵胎生魚，有不尋常的變更：牠們的生殖器官不是偏右就是偏左。偏右的公魚只能和偏左的母魚交配，反之亦然，所以最好讓對魚從群體中形成。每次生育只會產下一些大的魚苗，可到 4 公分。

魚的大小：可到 30 公分，但在水族箱中，較可能到大約 20 公分。

鱵科（科名 HEMIRHAMPHIDAE ／科俗名 Halfbeaks）
利氏正鱵（學名 Nomorhamphus liemi）
七彩火箭（俗名 CELEBES HALFBEAK）

10 公分 4 英吋	攝氏 22~26 度 華氏 72~79 度	75 公分 30 英吋

原產地：亞洲——南蘇拉威西島（前西里伯島）

水族箱設置：模仿溪流或小河棲地，用圓石和一些木塊做佈置；淺水，有良好的水流。

相容性／水族行為特徵：和其他和平的魚一起飼養，最好是使用水族箱較底區的魚。群體飼養，最好每兩到三隻母魚就有一隻公魚。

水質：中硬、鹼水，pH 值 7.0~8.0。

餵食：較喜歡冷凍和活的食物。

性別區分：公魚比母魚小，顏色較鮮艷，有生殖鰭（凹痕臀鰭）。

繁殖：卵胎生，懷孕期約六到八週，生出約一打的魚苗，而且相當大隻，約 12~15 公釐。父母會吃自己的魚苗，所以最好分開養育。

花鱂科（科名 POECILIDAE）
花鱂（學名 Poecilia sp.）
茉莉（俗名 MOLLY）

18 公分
7 英吋

攝氏
20~26 度
華氏
68~79 度

75 公分
30 英吋

原產地：美國南部和中美
水族箱設置：硬水的群居型水族箱，有石塊、浸泡完全的木塊和強健的水草（或人工水草）。
相容性／水族行為特徵：通常可養在群居型水族箱，然而在同魚種的水族箱中，需求要周全地照顧。
水質：硬鹼水，pH 值 7.5~8.5。可在半淡鹹水中飼養，或如果慢慢適應，甚至可用完全海水的條件。
餵食：雜食性；吃蔬菜、水藻、薄片飼料、冷凍和活的食物。
性別區分：公魚有大的背鰭和生殖足（變更的臀鰭）。
繁殖：卵胎生，約每六週會生出多達 80 隻魚苗。每隻公魚要有兩到三隻母魚。

花鱂科（科名 POECILIDAE）
孔雀花鱂（學名 Poecilia reticulata）
孔雀魚（俗名 GUPPY, MILLIONS FISH）

6 公分
2.5 英吋

攝氏
18~26 度
華氏
64~79 度

60 公分
24 英吋

原產地：中美和巴西
水族箱設置：少量水草的水族箱，前方有開放的游水空間，一些石塊當額外的佈置。
相容性／水族行為特徵：和平的群居魚，不應和強悍的魚種，或任何可能會咬鰭的魚一起混養。
水質：中硬到強硬水，鹼水，pH 值 7.0~8.5。原本可在些微的半淡鹹水中飼養，然而在水族箱中卻不太可能，因為一般群居型水族箱的魚，較少能容許鹽水。
餵食：雜食性；薄片、小圓球或顆粒飼料，小型活食和冷凍食物，在飲食中包含蔬菜。
性別區分：公魚的魚鰭比母魚長、色彩較鮮豔，體型則較小，母魚比較不鮮艷。但公魚最可靠的特徵是生殖足，一個支棒狀的變更臀鰭，不像母魚，以一般的圓形臀鰭為特徵。

繁殖：多產且繁殖容易的魚。建議每隻公魚有兩到三隻母魚，以防止公魚造成特定母魚的壓力。通常會生出約 30 隻魚苗。

花鱂科（科名 POECILIDAE）

劍尾魚（學名 Xiphophorus helleri）

紅劍（俗名 SWORDTAIL）

10 公分
4 英吋

攝氏
21~26 度
華氏
70~79 度

60 公分
24 英吋

原產地：中美

水族箱設置：有水草的群居型水族箱，開放的游水空間。

相容性／水族行為特徵：特別是公魚，會稍有攻擊性，但此魚種通常是能共處的群居魚。

水質：中硬水，弱鹼水，pH 值 7.0~8.0。

餵食：雜食性；薄片、圓球飼料，冷凍和活的食物。

性別區分：只有公魚有「劍」和生殖足。母魚比公魚大。

繁殖：最好將母魚移到一個分開的水族箱，好讓牠生產。視母魚的大小，可能會有 20 到 80 或更多的魚苗。

花鱂科（科名 POECILIDAE）

劍尾鱂（學名 Xiphophorus sp.）

滿魚（俗名 PLATY）

8 公分
3 英吋

攝氏
18~24 度
華氏
64~75 度

60 公分
24 英吋

原產地：中美

水族箱設置：背面有高水草的水族箱，前面留開放的游水空間。

相容性／水族行為特徵：和平且耐養的魚種，是理想的群居魚。

水質：硬鹼水，pH 值 7.0~8.0。

餵食：吃任何水族飼料，要包含蔬菜。

性別區分：公魚有生殖足；母魚比公魚大。

繁殖：卵胎生，容易繁殖，每四到六週約生 50 隻魚苗。

彩虹魚

彩虹魚主要源自新幾內亞和澳洲，加上一些來自馬達加斯加和東南亞的魚種。

來自黑線魚科的魚種，被視為是「真正的」彩虹魚。此科最大的屬，虹銀漢魚，包含了許多飼主喜愛的流行魚種，全部約由 50 個魚種組成，並與其他六個屬，一起構成這一科。相關的科別，像是鯔銀漢魚科（「藍眼」）和銀漢魚科（銀側魚）也常常被歸為彩虹魚。

傳統上，彩虹魚還沒有像許多其他的水族魚那麼受歡迎，例如鯽魚和燈魚。部分的原因可能是年幼的魚常常看來有點單調，不會出現像許多魚種呈現出漂亮的成年魚色彩。

然而，近幾年來，彩虹魚在水族箱的流行程度已有增加。大部分的彩虹魚精力充沛，是活潑的游水專家，飼養在水族箱中需要充足的開放空間。牠們通常很耐養，適應力也強，可在一定範圍、不同化學性質的水中良好生長。雖然有些魚可能最好飼養在同魚種的水族箱中，但很多仍是群居型水族箱的佳選。

皮杜銀漢魚科（科名 BEDOTIIDAE ／科俗名 Madagascar Rainbowfish）

吉氏皮杜銀漢魚或馬達加斯皮杜銀漢魚（學名 Bedotia geayi 或 Bedotia madagascariensis）

馬達加斯加美人（俗名 MADAGASCAN RAIN-BOW, RED-TAILED SILVERSIDE）

| 15 公分 6 英吋 | 攝氏 20~24 度 華氏 68~75 度 | 120 公分 48 英吋 |

魚的大小：記述中可到 15 公分，但很少大於 10 公分。

好幾個月的時間。

原產地：與東非沿岸隔離的馬達加斯島獨有。

水族箱設置：用石塊，如果喜歡，可用浸泡完全的沉木加上一些水草。水族箱應有乾淨、適當過濾的水和良好的水流。

相容性／水族行為特徵：活潑但和平的魚，應可和其他相似大小、有共同需求的群居魚混養良好。

水質：中硬水和鹼水，pH 值 7.0~8.0。

餵食：雜食性；餵食薄片和顆粒飼料，以充分的冷凍或活食作補充。

性別區分：公魚比母魚的色彩鮮豔許多，且有較長的前背鰭。

繁殖：一但觸發了，通常就會每天產卵，而且長達

黑線魚科（科名 MELANOTAENIIDAE ／科俗名 Rainbowfish, blue eyes）

舌鱗銀漢魚（學名 Glossolepis incisus）

紅蘋果（俗名 RED RAINBOW, SALMON-RED RAINBOW）

| 15 公分 6 英吋 | 攝氏 22~28 度 華氏 72~82 度 | 120 公分 48 英吋 |

原產地：印尼——聖塔尼湖，伊里安查亞

水族箱設置：寬敞的水族箱，周圍種水草，有緩和的水流，和充分的開放游水空間。

相容性／水族行為特徵：活潑但和平的魚種，應群體飼養，可和相似大小的魚一起養在大型群居型水族箱。

水質：中硬到硬水，中性到鹼性的水（pH 值 7.0~8.5）。

餵食：雜食性；餵食薄片和顆粒飼料，以活的或冷凍食物作補充。

性別區分：繁殖時的公魚是深紅或紅褐色，母魚則是銀色的帶有一點黃色。公魚的體型比母魚長。

繁殖：母魚會在細水草上產卵，要提供爪哇莫絲，不然就是產卵拖把。通常在早上產卵，魚卵約須七天孵化，而且應該移到一個分開的撫育箱。

黑線魚科（科名 MELANOTAENIIDAE／科俗名 Rainbowfish, blue eyes）

伊島銀漢魚（學名 Iriatherina werneri）

燕子美人（俗名 THREADFIN RAINBOW）

5 公分
2 英吋

攝氏
23~29 度
華氏
73~84 度

60 公分
24 英吋

原產地：北澳洲和印尼的伊里安查亞

水族箱設置：水草充足的水族箱，有緩和的水流。

相容性／水族行為特徵：同魚種的水族箱或和平的群居型水族箱；不要和任何可能咬鰭的魚一起混養。

水質：較喜歡中軟、弱鹼水（pH 值 6.0~7.0）。

餵食：雜食性；會吃薄片飼料，應以活的和冷凍食物作補充。

性別區分：公魚比母魚大一點，背鰭和臀鰭有長線狀的延展。

繁殖：母魚會在細葉水草（或產卵拖把）中散佈卵，可能要花 8~12 天孵化。

黑線魚科（科名 MELANOTAENIIDAE／科俗名 Rainbowfish, blue eyes）

貝氏虹銀漢魚（學名 Melanotaenia boesemani）

石美人（俗名 BOESEMAN'S RAINBOW）

12.5 公分
5 英吋

攝氏
25~30 度
華氏
77~86 度

120 公分
48 英吋

原產地：印尼——伊里安查亞，阿查曼魯（Ajamaru）湖區

水族箱設置：用石塊和木頭做佈置，將水草放置在水族箱的周圍，以留開放的游水空間。

相容性／水族行為特徵：適合大型的群居型水族箱，可和其他精力充沛的魚，例如相似大小的鯽魚和底棲魚，像是鰍和中型鯰魚一起飼養。

水質：中軟水到中硬水，弱酸性到鹼性（pH 值 6.6~8.0）。

餵食：雜食性；薄片和顆粒飼料，應以活的和冷凍食物作補充。

性別區分：公魚比母魚色彩鮮豔，通常較大，體型也較長。

繁殖：母魚會在細水草上產卵，可提供爪哇莫絲或產卵拖把。魚苗需要非常細的食物。

黑線魚科（科名 MELANOTAENIIDAE ／科俗名 Rainbowfish, blue eyes）

薄唇虹銀漢魚（學名 Melanotaenia praecox）

電光美人（俗名 NEON DWARF RAINBOW, NEON RAINBOW）

| 5 公分 2 英吋 | 攝氏 23~28 度 華氏 73~82 度 | 75 公分 30 英吋 |

原產地：新幾內亞，伊里安查亞

水族箱設置：水草水族箱，有遮蔭區和開放的游水空間。

相容性／水族行為特徵：較不強悍的銀漢魚成員之一，此魚種可和其他和平的魚種一起混養在群居型水族箱中。

水質：弱硬水，約中性的 pH 值。

餵食：雜食性；吃薄片飼料以當作牠的部分主要飲食，應以活的和冷凍食物作補充。

性別區分：公魚比母魚色彩鮮豔，有亮紅色的魚鰭，母魚的魚鰭是銀色的，帶有黃橘色。

繁殖：三隻公魚對兩隻母魚，是產卵的理想比例。會看到公魚向母魚展現自己，產卵通常在早上發生，母魚會在水草中散佈卵。

黑線魚科（科名 MELANOTAENIIDAE ／科俗名 Rainbowfish, blue eyes）

三帶虹銀漢魚（學名 Melanotaenia trifasciata）

三紋彩虹；三線美人（俗名 BANDED RAINBOW, THREE-STRIPED RAINBOW, JEWEL RAINBOW, GOYDER RIVER RAINBOW）

| 10 公分 4 英吋 | 攝氏 24~28 度 華氏 75~82 度 | 120 公分 48 英吋 |

魚的大小：10~15 公分，依地區而定。

原產地：澳洲——北領地和約克角半島

水族箱設置：少量水草的水族箱，有石塊和充分浸泡的沉木做佈置，和充分的開放游水空間。

相容性／水族行為特徵：適合大的群居型水族箱，可和其他群游的魚種和底面覓食者像是鰍一起飼養。

水質：中硬水，弱酸性和鹼性的水（pH 值 6.6~8.0）。

餵食：雜食性；薄片和顆粒飼料，以活的和冷凍食物作補充。有時也吃軟葉水草。

性別區分：公魚傾向於比母魚大，身形較長，有較強烈的色彩。

繁殖：理想上，用三隻公魚對兩隻母魚的比例繁殖。公魚會向母魚展現自己。此魚種相當容易產卵，會在水草上散佈卵，而且通常在早上。須將魚卵移到分開的培育箱，不然父母會吃掉它們以及魚苗。

其他魚種

　　此部份所包含的魚，沒有剛好可以符合已介紹的較大魚科裡，其中很多常常以「古怪」魚而有名，也就是和熟悉的魚形有一點出入的魚種，而且可能有特殊的需求。

　　這些魚常常會吸引有長期興趣或較把興趣當真的人，來嘗試飼養這些有點不同、或許較具挑戰性的魚。除此之外，很多古怪魚種並不難飼養，只要有適切照顧到牠們的需求即可。在買任何魚之前，應先研究牠的需求，但這只特別適用於古怪魚種。另外，有些魚種會長得很大，所以一定要提供給成年魚適當尺寸的水族箱。

　　有一些古怪魚種也源自半淡鹹水區域，要有淡水和海水的鹽分才可生存，而牠們自己的傳承，代表著養魚愛好中，分隔的一部份。很多古怪魚有古代的血源，而且對自己的自然環境常常有很特殊的適應力。這讓牠們成為熱衷者的著迷對象，也給予了某種需要適當照料的責任來學習更多關於這些魚的知識，尤其是有很多魚根本還沒有經常（或根本沒有）在豢養中繁殖。

線翎電鰻科（科名 APTERONOTIDAE ／科俗名 Ghost knifefish）
線翎電鰻（學名 Apteronotus albifrons）
黑魔鬼（俗名 BLACK GHOST KNIFE FISH）

50 公分
20 英吋

攝氏
23~28 度
華氏
73~81 度

120 公分
48 英吋

原產地：南美——相當廣大地分布於委內瑞拉到巴拉圭和秘魯的亞馬遜流域

水族箱設置：微暗燈光的水族箱，有充分的沉木和樹根，最好有軟沙的底砂。可包含活水草，只要燈光不太明亮就好，不然可加漂浮水草來做遮蔭。

相容性／水族行為特徵：對同種魚有領域性，所以在適合的大型水族箱中，可飼養單一樣本或是大群體。也常會對其他競爭藏身處的底棲魚，顯示領域性的行為。不要和小的群居魚混養，因為此魚種會吃牠們。同伴應為強健的魚種，但又不能太有攻擊性。

水質：中軟水，最好是弱酸性到中性的水。

餵食：肉食性；在自然環境中是吃昆蟲的幼蟲。最愛冷凍和活的紅蟲，也吃蚯蚓、其他肉類食物和沉底圓球飼料。

性別區分：性別的差異不詳。

繁殖：曾在稀少的時機中在水族箱中繁殖，但沒有詳細細節。

擬松鯛科（科名 DATNIOIDIDAE ／科俗名 Tiger-perches）
麗擬松鯛（學名 Datnioides pulcher）
粗紋泰國虎（俗名 SIAMESE TIGERFISH）

40 公分
16 英吋

攝氏
22~26 度
華氏
71~79 度

150 公分
60 英吋

原產地：亞洲——湄公河和湄南河流域

水族箱設置：大型水族箱，給未成年魚充分的遮蔽，牠們傾向於會隱藏。成年魚需要少量的佈置和充分的空間。用柔和的燈光。

相容性／水族行為特徵：有高度侵略性，會吃比自己小的魚。和其他大魚在一起時，通常是和平的。

水質：中性到弱鹼性的 pH 值（7.0~7.5），中硬水。

餵食：掠食性，但讓此魚改吃死的肉類食物通常不太難，像是銀魚、胎貝、和蝦子或小蝦。紅蟲和豐年蝦則適合未成年魚。

性別區分：性別的差異不詳。

繁殖：沒有水族箱中繁殖的記述。

30 公分 12 英吋	攝氏 22~26 度 華氏 71~79 度	120 公分 48 英吋

擬松鯛科（科名 DATNIOIDIDAE ／科俗名 Tiger-perches）
四帶捉松鯛（學名 Datnioides quadrifasciatus）
六線虎（俗名 SILVER TIGERFISH, FOUR-BARED TIGER-FISH）

原產地：亞洲——印度到印尼和新幾內亞

水族箱設置：大型水族箱，有開放游水空間和柔和的燈光。

相容性／水族行為特徵：有侵略性，會吃較小的魚。可在適當的大型水族箱中，和群體的相似大小魚一起飼養，不過牠們對彼此會有攻擊性。對其他大魚則和平相處。

水質：維持在些微半淡鹹水的狀態，或硬鹼的淡水。

餵食：掠食者，但可讓此魚輕易改吃死的肉類食物，像是銀魚、鳥蛤、貽貝、蝦子或小蝦。小型冷凍或活食，像是紅蟲，也適合於未成年魚。

性別區分：性別的差異不詳。

繁殖：沒有水族箱中繁殖的記述。

7.5 公分 3 英吋	攝氏 21~27 度 華氏 70~81 度	75 公分 30 英吋

鰕虎科（科名 GOBIIDAE ／科俗名 Gobies）
黑點尖鰕虎（學名 Stigmatogobius sadanundio）
珍珠雷達；花騎士（俗名 KNIGHT GOBY）

原產地：亞洲——印度到印尼

水族箱設置：用石頭和小的沉木塊來製造一些洞穴。也可包含水草，在硬鹼水中可良好生長，或可容許些微半淡鹹水的狀態。

相容性／水族行為特徵：對同種魚有攻擊性，所以如果飼養了一群魚，便要提供充分的空間。此魚種可和相似大小的魚一起飼養，但要避免飼養會和牠們強烈競爭洞穴的底棲魚種。

水質：硬鹼水或些微的半淡鹹水，長期來看，可能在半淡鹹水的水族箱中會活得較好。

餵食：雜食性；餵食多樣化的飲食，包含薄片、顆粒和圓球飼料，以冷凍和活的食物作補充，也吃一些水藻。

性別區分：公魚有較長的臀鰭和後背鰭，前背鰭還有延展的鰭條。母魚的顏色較公魚黃。

繁殖：水溫維持在接近高溫的範圍。產卵之前會先展示和追逐，然後母魚會產下好幾百個卵，而且通常是在公魚防護的洞穴中。

棘鰍科（科名 MASTACEMBELIDAE ／科俗名 Spiny eels）
紅紋刺鰍（學名 Mastacembelus erythrotaenia）
噴火龍（俗名 FIRE EEL）

100 公分 39 英吋	攝氏 24~27 度 華氏 75~81 度	150 公分 60 英吋

原產地：亞洲——泰國和柬埔寨到印尼

水族箱設置：用軟沙的底砂；沉木塊，PVC 塑膠管或陶製管來提供退避所。避免尖銳的石礫或任何有尖銳邊緣的裝飾。使用密合的蓋子，因為此魚會由小縫口逃脫。

相容性／水族行為特徵：對其他大魚沒有攻擊性，但會吃小魚。會對其他棘鰍有領域性。

水質：硬度和 pH 值不拘，但水質必須很好，要低硝酸鹽，無氨和亞硝酸鹽。

餵食：肉食性；用蚯蚓、貽貝、蝦子或小蝦。對乾燥飼料沒有興趣，而且剛開始時，會不情願吃較老的野生捕捉物。小型未成年魚通常較不挑剔，可餵牠們冷凍或活的蚯蚓和豐年蝦（鹵蟲）。

性別區分：性別沒有明顯的差異，但成年母魚的身型較公魚的厚。

繁殖：很少在水族箱中繁殖，直到超過 45 公分才會性成熟。母魚會在漂浮水草中產卵。

魚的大小：可到 100 公分，但在水族箱中，通常只到 60 公分。

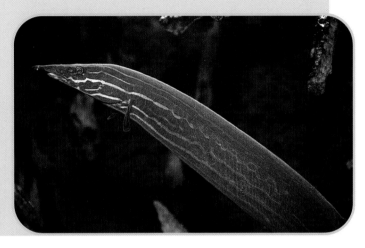

棘鰍科（科名 MASTACEMBELIDAE ／科俗名 Spiny eels）
環帶吻棘鰍（學名 Macrognathus circumcinctus）
環帶棘鰻（俗名 BANDED SPINY EEL）

15 公分 6 英吋	攝氏 24~27 度 華氏 75~81 度	75 公分 30 英吋

原產地：亞洲——湄公河和湄南河流域、泰國、馬來半島和蘇門答臘島

水族箱設置：提供軟沙底砂（這些魚常常會躲在底砂裡，只有頭部伸出來）。也可用水草、沉木和 PVC 塑膠管或陶製管來提供遮蔽。

相容性／水族行為特徵：對同種魚有攻擊性，但對他種魚則和平相處。可能只會吃魚苗或非常小的魚。

水質：不拘，中性 pH 值，弱軟到硬水。

餵食：小型冷凍食物和活食，通常不理會乾燥飼料。

性別區分：性別沒有明顯的差異。

繁殖：沒有水族箱中繁殖的記述。

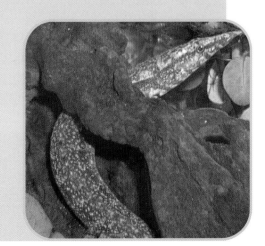

銀鱗鯧科（科名 MONODACTYLIDAE ／科俗名 Moonyfish or fingerfish）

銀鱗鯧（學名 Monodactylus argenteus）

銀大眼鯧（俗名 MONO, MALAYAN ANGEL, MOONFISH）

| 25 公分
10 英吋 | 攝氏
24~28 度
華氏
75~82 度 | 150 公分
60 英吋 |

原產地：印度西太平洋

水族箱設置：半淡鹹水的水族箱，有樹根或樹枝；留充分的開放游水空間。可用人工水草，活水草則無法容許成年魚所需要的高鹽度。

相容性／水族行為特徵：活潑的群游魚，會對同種魚有攻擊性；可五隻或大量飼養，以將潛在的攻擊性減到最低。最好和其他相似大小、強健的汽水域魚種一起飼養，像是金錢魚和大型高射炮。

水質：硬鹼水。常常在淡水中販賣，但成長時應該會適應漸增的半淡鹹水。成年魚常生活在百分之百的鹹水中。

餵食：接受大部分食物，要包含一些植物性食物。

性別區分：性別沒有明顯的差異。

繁殖：只有少數在水族箱中繁殖；必須改變鹽度來引發產卵。

長頜魚科（科名 MORMYRIDAE ／科俗名 Elephantfish）

彼氏錐頜象鼻魚（學名 Gnathonemus petersii）

象鼻魚（俗名 ELEPHANTNOSE）

| 20 公分
8 英吋 | 攝氏
22~28 度
華氏
72~82 度 | 90 公分
36 英吋 |

原產地：非洲——喀麥隆，奈及利亞，剛果民主共和國（前薩伊）

水族箱設置：提供充分的洞穴當藏身處，還有沙子當底砂。有微暗燈光更好，或用高水草和漂浮水草來提供遮蔭。

相容性／水族行為特徵：對同種魚有領域性。通常在大型群居型水族箱中，可和不具攻擊性的魚種共處。

水質：最好是中軟、弱酸到中性水（pH 值 6.0~7.0）。

餵食：雜食性；較喜歡活食，但有時會吃冷凍食物和薄片飼料。

性別區分：公魚的臀鰭有凹型。

繁殖：沒有水族箱中繁殖的記載。

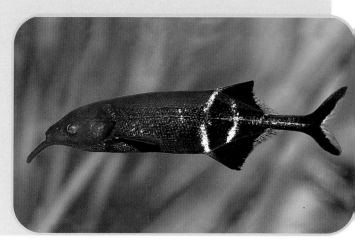

駝背魚科（科名 NOTOPTERIDAE ／科俗名 Featherbacks or knifefish）
鎧甲弓背魚（學名 Chitala chitala）
七星飛刀（俗名 CLOWN KNIFE FISH）

120公分 48英吋	攝氏 25~28度 華氏 77~82度	240公分 96英吋

原產地：東南亞

水族箱設置：非常大的水族箱，有開放的游水空間，緩和的水循環和柔和的燈光。最好用沙子底砂，有平滑的裝飾，像是圓石和沉木。

相容性／水族行為特徵：有高度侵略性；此魚種會有攻擊性。和其他不太有攻擊性的大型魚一起飼養。

水質：不拘，但最好有中軟水和弱酸到中性的 pH 值。

餵食：活的和冷凍肉類食物，像是銀魚、蝦子或小蝦、貽貝、和蚯蚓，可能也吃圓球飼料，可用來讓飲食多樣化。

性別區分：性別的差異不詳，但身體的長度可以是成魚性別的指標。

繁殖：沒有在水族箱中繁殖。產卵在堅硬表面，公

魚會防護魚卵和魚苗。

魚的大小：可到 120 公分，但在水族箱中，通常不會大於 60 公分。

骨舌魚科（科名 OSTEOGLOSSIDAE ／科俗名 Arowanas）
雙鬚骨舌魚（學名 Osteoglossum bicirrhosum）
銀帶（俗名 SILVER AROWANA）

60公分 24英吋	攝氏 24~28度 華氏 75~82度	240公分 96英吋

原產地：亞馬遜河流域和圭亞那的靜止水域

水族箱設置：非常大的水族箱，有大量的開放游水空間。可用大型木塊和高水草做佈置。建議用重蓋子，因為此魚是非常強壯的跳躍者。

相容性／水族行為特徵：有高度侵略性，會吃小魚，有些魚會對其他魚種有攻擊性。不要和非常有攻擊性的魚一起飼養，如果被騷擾，此魚可能會跳躍，而在水族箱上的罩子或玻璃蓋上弄傷地。

水質：較喜歡軟酸水（pH 值 6.0~6.9），但能容許較硬的水。

餵食：肉食性；吃漂浮圓球飼料和死的貽貝、蝦子、銀魚，也可餵食蚯蚓和蟋蟀。

性別區分：性別沒有明顯的差異，但身體的長度可以是成魚性別的指標。

繁殖：口孵，公魚會帶著魚卵約兩個月，直到卵黃

囊已全被吸收。

魚的大小：豢養的最少有 60 公分，但可大到 120 公分。

骨舌魚科（科名 OSTEOGLOSSIDAE ／科俗名 Arowanas）
美麗硬骨舌魚（學名 Scleropages formosus）
紅龍（俗名 ASIAN AROWANA, DRAGONFISH）

90 公分　攝氏　180 公分
36 英吋　24~30 度　72 英吋
　　　　華氏
　　　　75~86 度

原產地：亞洲——柬埔寨、印尼（加里曼丹和蘇門答臘島）、馬來西亞、泰國和越南

水族箱設置：大型水族箱，有充分的開放游水空間。少量佈置。

相容性／水族行為特徵：和其他很大、此魚無法吞食的魚一起飼養。最好單獨飼養，當作是樣品魚。

水質：最好是軟酸水（pH 值 6.0~6.5），但確切的 pH 值和硬度並不重要，水質必須很好，要低硝酸鹽，無氨和亞硝酸鹽。

餵食：肉食性；活食，包含魚和昆蟲的幼蟲，也會吃死的肉類食物，像是貽貝和蝦子。

性別區分：性別的差異很難分辨。成魚中，公魚可能比母魚纖細，有較大的嘴，而且有可辨識的口腔（用來孵卵）。

繁殖：口孵，現有商業性地繁殖。

魚的大小：記述中可到 90 公分，但在水族箱中通常較小，約 50 公分。

齒蝶魚科（科名 PANTODONIDAE ／科俗名 Freshwater Butterflyfish）
齒蝶魚（學名 Pantodon buchholzi）
古代蝴蝶；蝴蝶魚（俗名 AFRICAN BUTTERFLYFISH）

12.5 公分　攝氏　75 公分
5 英吋　24~28 度　30 英吋
　　　　華氏
　　　　72~82 度

原產地：西非和中非

水族箱設置：一些漂浮水草和高水草。底砂和底面佈置並不重要，因為此魚很少在離水面很遠的地方游水；有緩和的水流會更好；必須有密合的蓋子，此魚種是很好的跳躍者。

相容性／水族行為特徵：沒有攻擊性，但可能會吃小的水面棲息魚。不要和強悍、在水族箱上層居住的魚一起飼養，當然也不要和任何可能會咬鰭的魚一起飼養。

水質：最好是中軟水，弱酸到中性的 pH 值，但不是必要。

餵食：不會快速下沉的冷凍、活的或冷凍乾燥食物。

性別區分：公魚的臀鰭後方邊緣有凹狀，母魚的則是平直的。

繁殖：較高水溫的軟酸水會引發產卵。母魚會產下總數多達 200 個的魚卵，當牠們浮到水面時要移到撫育箱中。魚苗很難撫養，吃微小的食物顆粒。

多鰭魚科（科名 POLYPTERIDAE ／科俗名 Bichirs）
蘆葦多鰭魚（學名 Erpetoichthys calabaricus）
草繩恐龍（俗名 REEDFISH, ROPEFISH, DINOSAUR EEL）

90 公分 36 英吋	攝氏 22~28 度 華氏 72~82 度	30~90 公分 36 英吋

魚的大小：可到 90 公分，但在水族箱中通常會小許多，約 30~40 公分。

原產地：西非，喀麥隆和奈及利亞

水族箱設置：用沉木、石塊和一些水草，沙子的底砂。水族箱應有密合的蓋子或縮合蓋，因為此魚會從小縫口逃出水族箱。

相容性／水族行為特徵：有侵略性，可能會吃小魚。不過還算和平，不會對太大而無法吞食的魚有任何攻擊性。

水質：不拘；軟水到中硬水，pH 值 6.0~8.0。

餵食：肉食性；吃活的和死的肉類食物，像是紅蟲、貽貝塊、蝦子或小蝦、餌魚、和蚯蚓。也會吃鯰魚圓球飼料，可用來變化飲食。

性別區分：公魚的臀鰭比母魚的大且厚。

繁殖：母魚會將魚卵附著在水草和其他表面上，約三天後孵化。魚苗在第一周會以卵黃囊為食。

多鰭魚科（科名 POLYPTERIDAE ／科俗名 Bichirs）
飾鰭多鰭魚（學名 Polypterus ornatipinnis）
大花恐龍（俗名 ORNATE BICHIR）

45 公分 18 英吋	攝氏 25~28 度 華氏 77~82 度	150 公分 60 英吋

原產地：中非和東非——剛果河流域，坦干依喀湖

水族箱設置：有大型基底區域的水族箱（高度較不重要），用沉木和平滑的石塊做佈置。可包含強健的水草。

相容性／水族行為特徵：有侵略性，會吃小魚。要和大型魚一起飼養，例如弓背魚，粗紋泰國虎和中型鯰魚像是歧鬚䲁。可能會咬其他多鰭魚，不過通常不會發生嚴重的損傷。

水質：不拘；中軟水到中硬水，弱酸性到鹼性。

餵食：肉食性；餵食活的和死的肉類食物，像是貽貝、蝦子或小蝦、蚯蚓和銀魚，也會吃沉底鯰魚圓球飼料。

性別區分：成年樣品魚中，公魚的臀鰭比母魚的寬大。

繁殖：公魚會將身體纏繞著母魚的生殖處，因此臀鰭和尾鰭會形成杯狀來接收魚卵。牠們會把有黏性的卵散佈在水草上，三到四天後孵化。約一週後，當卵黃囊用完了，幼魚便會開始進食。

河魟科（科名 POTOMOTRYGONIDAE／科俗名 River stingrays）

亞馬遜河魟（學名 Potamotrygon motoro）

珍珠魟（俗名 OCELLATED STINGRAY）

38 公分 15 英吋	攝氏 24~28 度 華氏 75~82 度	180 公分 72 英吋

原產地：南美——奧里諾科和亞馬遜河流域

水族箱設置：軟沙的底砂和最少量的佈置（平滑的石頭和木塊），留充分的開放底部區域。

相容性／水族行為特徵：不適合群居型水族箱；會吃小魚。棲息在水族箱上方、大型和平的魚，可作為良好的水族箱同伴。任何的同伴，都應是不會兇猛競爭食物的魚，不然會讓餵食魟魚變得困難。

水質：最好是軟水和弱酸水，但也容許硬水。水質必須很好，要低硝酸鹽，無氨或亞硝酸鹽。

餵食：此魚胃口龐大，應餵牠們紅蟲、蝦子或小蝦、貽貝、餌魚和蚯蚓。

性別區分：公魚的腹鰭有明顯的尾腳，會在產卵期間使用。

繁殖：已相當經常性地豢養繁殖。公魚會變得有攻擊性，母魚可能會在圓盤的外部邊緣遭到咬痕。約

三個月的懷孕期後，腫大的母魚會生下活幼魚，而且是父母的完美縮小版。

魚的大小：野生的身長紀錄有到 100 公分，通常水族箱樣品魚的實際圓盤大小，約是 30~38 公分。

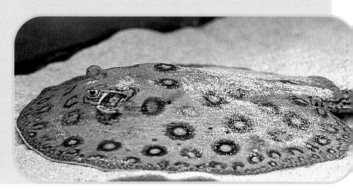

原鰭魚科（科名 PROTOPTERIDAE／科俗名 African lungfish）

原鰭魚（學名 Protopterus annectens）

虎斑肺魚（俗名 AFRICAN LUNFISH）

60 公分 24 英吋	攝氏 25~30 度 華氏 77~86 度	60 公分 24 英吋

原產地：西非

水族箱設置：用石塊或大塊沉木作遮蔽，沙子做底砂（此魚種在進食時，會不小心嚥下石礫）。用加熱器防護物或外置型加熱器來防止燙傷。

相容性／水族行為特徵：此魚可能會有攻擊性，牠們有可怕的咬食力，所以最好單獨飼養。

水質：不重要，只要避免極端就可。

餵食：肉食性；餵食貽貝、蚯蚓、餌魚、沉底的鯰魚圓球飼料。

性別區分：性別的差異不詳。

繁殖：沒有水族箱中繁殖的記載。在野外，此魚種會在雨季開始時會在洞穴中繁殖。公魚會和魚卵一起待著，剛開始時會保護幼魚。

魚的大小：可到 100 公分，但在水族箱中，較可能只到 60 公分

金錢魚科（科名 SCATOPHAGIDAE ／科俗名 Scats）
黑星銀䱗（學名 Scatophagus argus）
金鼓；金錢魚（俗名 SCAT, SPOTTED SCAT, GREEN SCAT）

30 公分
12 英吋　　攝氏
23~28 度　　150 公分
華氏　　60 英吋
73~82 度

原產地：印度太平洋

水族箱設置：大型的半淡鹹水族箱，有充分的開放游水空間。可用樹枝、樹根或沉木做佈置，如果想要，可加人工水草。

相容性／水族行為特徵：對同種魚有半攻擊性，所以最好以五隻到六隻，或更多的群體飼養，來分散攻擊性。和其他相似大小的半淡鹹水魚類混養良好，像是銀鱗鯧。不要和較膽怯的魚一起飼養，牠們無法和這個強悍又貪食的魚競爭。

水質：維持在半鹽生狀態。可經常買到淡水或微鹹水中的未成年魚，但對成年魚來說，高濃度的半淡鹹水或海水狀態更好。

餵食：雜食性；會貪婪地吃掉任何所給的食物，所以可提供多樣化的飲食，包含充分的植物性食物。會吃活水草。

性別區分：性別的差異不詳。

繁殖：水族箱中繁殖不常成功，需要改變鹽度來引發產卵。

四齒魨科（科名 TETRAODONTIDAE ／科俗名 Puffers）
小河魨（學名 Carinotetraodon travancoricus）
巧克力娃娃（俗名 DWARF PUFFER）

2.5 公分
1 英吋　　攝氏
24~26 度　　60 公分
華氏　　24 英吋
75~79 度

原產地：印度

水族箱設置：水草水族箱，用活的或人工水草作遮蔽。

相容性／水族行為特徵：儘管很小，但可能會咬掉其他魚的鰭。所以最好在同種魚的水族箱中飼養，或和小型、移動快速、沒有長鰭的魚一起飼養。

水質：淡水河豚。中軟到弱硬水，pH 值 6.5~8.0。

餵食：肉食性；餵食小型活食和冷凍食物，包括螺、紅蟲、豐年蝦（鹵蟲）、磷蝦、小塊貽貝和蝦子或小蝦。

性別區分：成熟的公魚以沿著腹部的一條褐色線為辨視特徵，此線從喉部開始延向牠們的臀鰭。母魚比公魚的身形圓。這些差異在未成年魚中並不明顯。

繁殖：已在水族箱中繁殖；細節很少。

四齒魨科（科名 TETRAODONTIDAE ／科俗名 Puffers）
南美淡水河魨（學名 Colomesus asellus）
南美娃娃（俗名 SOUTH AMERICAN PUFFER, BRAZILIAN PUFFER）

15 公分
6 英吋

攝氏
24~28 度
華氏
75~82 度

75 公分
30 英吋

原產地：亞馬遜流域——巴西，哥倫比亞和秘魯
水族箱設置：用水草、沉木或石塊洞穴來提供一些遮蔽，有開放的游水空間。
相容性／水族行為特徵：相當和平的河豚，但仍有咬鰭的傾向，不要和任何長鰭、游水緩慢的魚一起飼養。通常不會對同種魚顯現攻擊性，可在這樣的群體中飼養。
水質：淡水魚種；pH 值約中性，中軟到中硬水。
餵食：吃活的和冷凍的肉類食物，有螺、紅蟲、豐年蝦、貽貝、蝦子或小蝦。
性別區分：性別的差異不詳。
繁殖：沒有水族箱中繁殖的記述。

魚的大小：記述中可到 15 公分，但在水族箱中，較常是 10 公分。

四齒魨科（科名 TETRAODONTIDAE ／科俗名 Puffers）
雙斑四齒魨（學名 Tetraodon biocellatus）
8 字娃娃（俗名 FITURE-8 PUFFER）

7.5 公分
3 英吋

攝氏
24~28 度
華氏
75~82 度

75 公分
30 英吋

原產地：亞洲——中南半島、印尼、馬來西亞、泰國
水族箱設置：同種魚水族箱，不然就是有經過魚伴挑選的群居體。留一些開放的游水空間，但要提供石塊、沉木和人工或耐鹽水的水草來當遮蔽。
相容性／水族行為特徵：可能會吃小型群居魚。不會特別有攻擊性，但可能仍會咬鰭，尤其是對長鰭、游水緩慢的魚種。可在同種魚的群體中飼養。
水質：最好在半淡鹹水狀態中飼養。鹽度不拘，約 1.005 的比重就足夠了。
餵食：餵食活的和冷凍的肉類食物，像是紅蟲、蝦子或小蝦、貽貝和螺。
性別區分：性別的差異不詳。
繁殖：已在水族箱中繁殖，但細節很少。母魚在水草上產卵，公魚則會防護魚卵。

四齒魨科（科名 TETRAODONTIDAE ／科俗名 Puffers）
河四齒魨（學名 Tetraodon fluviatillis）
黃金娃娃（俗名 GREEN PUFFER, TOPAZ PUFFER）

20 公分
8 英吋

攝氏
24~28 度
華氏
75~82 度

120 公分
48 英吋

原產地：亞洲——孟加拉，印度，斯里蘭卡

水族箱設置：半淡鹹水的水族箱，以石塊、沉木、強健的或人工的水草來作遮蔽。

相容性／水族行為特徵：會吃小魚。對相似大小的魚不會太有攻擊性，包括同種魚或其他河豚。能和較大的半淡鹹水魚一起飼養更好，像是銀鱗鯧和金錢魚。後來加進水族箱的魚，可能會比那些已漸漸習慣河豚的魚，有明顯較高的危險。

水質：在淡水和半淡鹹水的棲息地被發現；應該用硬鹼水。在半鹽生水中飼養時，此河豚似乎會長得更快、更耐養，而且較不易生病。

餵食：吃活的和冷凍的肉類食物，像是紅蟲、餌魚、鳥蛤、貽貝、蚯蚓和螺。

性別區分：性別的差異不詳。

繁殖：在半淡鹹水中發生產卵。母魚會在底砂或石塊上產卵，公魚則會防護魚卵。約花一周的時間孵化。

四齒魨科（科名 TETRAODONTIDAE ／科俗名 Puffers）
線紋四齒魨（學名 Tetraodon lineatus）
斑馬狗頭（俗名 NILE PUFFER, FAHAKA PUFFER, BANDED PUFFER）

30 公分
12 英吋

攝氏
24~26 度
華氏
75~79 度

120 公分
48 英吋

魚的大小：可到 45 公分，但在水族箱中通常較小，約 25~30 公分。

原產地：非洲——尼羅河、查德河流域、尼日河、伏塔河、甘比亞河、迦巴河和塞內加爾河

水族箱設置：相當大的水族箱，有開放的游水空間。

相容性／水族行為特徵：通常非常有攻擊性，且無法容忍同種魚和其他的魚。最好單獨飼養。

水質：大約中性的 pH 值，軟水到中硬水。是淡水魚種，只偶爾在棲息地部份中的些微半淡鹹水中發現。

餵食：吃活的和冷凍的肉類食物，像是鳥蛤、貽貝、蝦子或小蝦、蚯蚓和螺。

性別區分：性別沒有明顯的差異。在產卵的成年魚中可觀察到微小的差異。

繁殖：很少在水族箱中繁殖，可能大多因為牠的攻擊性，讓很多人不想試著繁殖牠們。

四齒魨科（科名 TETRAODONTIDAE／科俗名 Puffers）
巨四齒魨（學名 Tetraodon mbu）

皇冠狗頭；巨人狗頭（俗名 GIANT PUFFER）

75 公分　攝氏　180 公分
30 英吋　24~28 度　72 英吋
　　　　華氏
　　　　75~78 度

建議水族箱最小尺寸：成
年魚須 180 公分 × 75 公分
× 60 公分。

原產地：非洲──剛果河和坦干依喀湖
水族箱設置：大型水族箱，有充分的開放游水空
間，四周包含平滑和強健的裝飾。
相容性／水族行為特徵：是性情廣泛多變的魚種。
大部分的魚對水族箱同伴似乎不以為意，也不太注
意，有些魚則可能有攻擊性、無法容忍他魚，但怕
的牙齒有可能會造成嚴重的傷害。光是魚的尺寸，
就讓此魚種不適於一般的群居型水族箱。
水質：淡水魚種；確切的水參數不重要，中軟到硬
水、中性到鹼性的 pH 值。
餵食：肉食性；吃活的和冷凍食物，包含螺、蟹、
貽貝、小蝦或蝦子和蚯蚓。
性別區分：性別的差異不詳。
繁殖：沒有家庭水族箱的記載，因為成年魚尺寸的
關係。

四齒魨科（科名 TETRAODONTIDAE／科俗名 Puffers）
斑點河魨（學名 Tetraodon nigroviridis）

金娃娃（俗名 GREEN-SPOTTED PUFFER）

15 公分　攝氏　90 公分
6 英吋　24~28 度　36 英吋
　　　　華氏
　　　　75~82 度

原產地：亞洲──印度、印尼、斯里蘭卡、泰國
水族箱設置：半淡鹹水族箱，有石塊、沉木，或人
工水草作遮蔽。
相容性／水族行為特徵：會吃小魚，可能會咬較大
魚的魚鰭。在同魚種的水族箱中飼養，或和較大的
半淡鹹水魚類一起飼養，像是銀鱗鯧、高射炮和其
他相似大小的河豚。
水質：半鹽生；硬鹼水。
餵食：吃活的和冷凍的肉類食物，像是紅蟲、磷
蝦、螺、蝦子或小蝦和貽貝。
性別區分：兩性的差異不詳。
繁殖：在半淡鹹水中發生產卵。母魚在底砂上產
卵，公魚則防護魚卵。

射水魚科（科名 TOXOTIDAE／科俗名 Archerfish）
射水魚（學名 Toxotes jaculatrix）
高射炮（俗名 ARCHERFISH）

25 公分	攝氏	120 公分
10 英吋	25~30 度	48 英吋
	華氏	
	77~86 度	

原產地：印度，東南亞到澳洲

水族箱設置：理想的設置是紅樹林沼澤棲息地，水平面在水族箱上端往下幾公分。然後可用樹枝和突出的植物（真的或人工水草）作為引進昆蟲的區域，來讓高射炮展現牠的才能。需要緊密的蓋子！

相容性／水族行為特徵：會對同種魚有攻擊性，如果飼養多於一隻的此魚，就應在同時引進三隻或更多相似大小的魚。此魚種對其他相似大小的魚通常是和平共存的。可和河豚、鰕虎、群游魚像是銀鱗鯧，一起飼養在適合的大型水族箱中。

水質：中硬、中性到鹼性的水（pH 值 7.0~8.5）。當還是幼魚時，可常在淡水中買到此魚，但半淡鹹水對牠的長期健康才有益。

餵食：食蟲性；從水面以漂浮的食物為食。

性別區分：性別的差異不詳。

繁殖：不詳。

名詞解釋

吸收：物質被吸起並保留在內部的過程，像在海綿中的水。

活性碳：在很高的溫度下處理過的碳，來增加它的孔隙，因此也增加它從水中吸收更多物質的能力。

吸附：一個固體把其他物質保留在表面上的過程。

氣升管：用在底質過濾系統的塑膠管，供上升的氣泡通過。

氣泡石：多孔的石頭，用來從空氣幫浦的出口製造小氣泡。

生物膜：在固體表面堆積的細菌、水藻和相關物質的覆蓋物。

生物過濾：在過濾方面，涉及以細菌，將有毒廢物轉換成較少毒的類型。

生態棲地：結合了特定動物和植物的自然棲息地。

育兒照料：成年魚對魚苗的育嬰照料，發生在很多慈鯛魚類中。

泡巢：製造在水面的產卵區，用氣泡，有時是用植物的物質。

碳酸鹽硬度（KH）：水中碳酸鹽和重碳酸鹽離子的測量，它們能貢獻 pH 值的穩定性或「緩衝能力」。

尾鰭：尾巴，大部分的魚用來當作推進的主要工具。

循環時間：新水族箱和過濾系統，累積了足夠的硝化細菌，能讓有毒的氨和亞硝酸鹽，有效轉化成硝酸鹽所花的時間。

去氯劑：化學的仲介，用來從自來水中除去氯，自來水中的氯對水族有機體是有害的。

去離子水：非常純淨的水，以穿過樹脂來從水中移除雜質的方式製造。

流體化沙床：是一種生物過濾，由流動的沙粒床組成，提供了給細菌殖居的底砂。

一般硬度（GH）：水中（主要是）鈣和鎂離子的測量，其構成了部分的總離子含量。

屬：用於一組有緊密關係的物種的字，而此物種已被歸於同一科學定義群組。

生殖足：卵胎生公魚的生殖器官，由變更的臀鰭形成。

食草魚：以相當持續的方式，食用水藻、生物膜和其中微生物的魚。

氫離子（H+）：是 pH 值測量所根據的化學離子。

液體比重計：測量水中特定重力或鹽度的儀器。

魚類學者：研究魚類的自然科學家。

滴蟲：自然產生的微生物，可以培養、用來給很小的魚苗做食物。

食蟲性動物：主要是以昆蟲為食的物種。

迷鰓器官：出現在某些魚中的額外器官，可讓牠們從水面得到補吸的氣體。

夜行性：主要在夜間活動和進食。

雜食性動物：以大範圍不同食物為食的物種，可能包括植物類食物和其他的動物。

滿溢盒或蓄水堰：將水從水容器裡滲出的設備，通常會進水給水族箱下面的蓄水式過濾器。

生殖突物：通常只有在繁殖期間才看得到的小肉管，供魚卵或公魚的精子通過。

泥炭土：部分分解的植物物質，可用來軟化和酸化水質。

食魚性動物：吃其他魚的掠食性魚類。

沉水馬達：可當作額外水循環的抽水馬達，或透過氣升管來驅動底質過濾系統。

注水器：通常可在外置型過濾器上看見的有用小機件，在開啟馬達前，會啟動水流至過濾器中。

隔離箱：另外的水族箱，用來臨時放魚，直到認為牠們健康且沒有疾病。

逆滲透（RO）：是製造純水的過程，將水推過一個細微的薄膜，以去除大部分的污染物。

群游：一群魚散漫地游在一起；以較緊密的形式，朝特定的方向游，則稱為群集。

產卵：下卵並使其授精的行為。

產卵拖把：人工的（通常是自製的）產卵基質，通常用羊毛線或相似品組成，附在漂浮或沉底的固定點上。

噴灑頭：附在電動過濾器出水管上的裝置，會將水流分成好幾個細小的噴水，以增加曝氣。

鰾：魚類的專門器官，可提供浮力。

分類學：將現存生物分類的科學。

文式管附著器：用在電動過濾器出水口的裝置，會在流出的水流中引進氣泡。

熱帶魚寶典

Tropical aquarium
setting up and caring for freshwater fish

Metropolitan Culture Enterprise Co., Ltd.

4F-9, Double Hero Bldg., 432, Keelung Rd., Sec. 1,
TAIPEI 110, TAIWAN

Tel:+886-2-2723-5216　　Fax:+886-2-2723-5220

E-mail:metro@ms21.hinet.net

Web-site:www.metrobook.com.tw

First published in UK under the title Tropical aquarium
by New Holland Publishers (UK) Ltd.

Copyright © 2006 by New Holland Publishers (UK) Ltd

Chinese translation copyright © 2007 by Metropolitan
Culture Enterprise Co., Ltd.

Published by arrangement with New Holland
Publishers (UK) Ltd.

國家圖書館出版預行編目資料

熱帶魚寶典／尚恩. 伊凡斯（Sean Evans）著, 蘇美光 譯.
-- 初版. -- 臺北市: 大都會文化, 2007.09
面; 公分. -- (Pets; 12)
譯自: Tropical aquarium : setting up and caring for fresh-
water fish
ISBN 978-986-6846-17-5 (平裝)

1. 養魚 2. 水族館

437.868　　　　　　　　　　　　96015818

作　　者：尚恩‧伊凡斯 博士（Dr. Sean Evans）
譯　　者：蘇美光

發 行 人：林敬彬
主　　編：楊安瑜
編　　輯：蔡穎如
內文編排：帛格有限公司
封面構成：帛格有限公司

出　　版：大都會文化 行政院新聞局北市業字第89號
發　　行：大都會文化事業有限公司
　　　　　110台北市信義區基隆路一段432號4樓之9
　　　　　讀者服務專線：（02）27235216
　　　　　讀者服務傳真：（02）27235220
　　　　　電子郵件信箱：metro@ms21.hinet.net
網　　址：www.metrobook.com.tw
郵政劃撥：14050529　大都會文化事業有限公司
出版日期：2007年9月初版1刷
定　　價：350元
ISBN：978-986-6846-17-5
書　　號：Pets-012

Tropical aquarium
setting up and caring for
freshwater fish

熱帶魚寶典

北 區 郵 政 管 理 局
登記證北台字第 9125 號
免　貼　郵　票

大都會文化事業有限公司
讀者服務部收

110 台北市基隆路一段 432 號 4 樓之 9

寄回這張服務卡 (免貼郵票)
您可以：
　◎不定期收到最新出版訊息
　◎參加各項回饋優惠活動

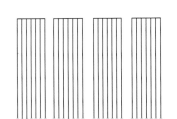

大都會文化 讀者服務卡

書名：**熱帶魚寶典**
謝謝您選擇了這本書！期待您的支持與建議，讓我們能有更多聯繫與互動的機會。
日後您將可不定期收到本公司的新書資訊及特惠活動訊息。

A.您在何時購得本書：_____年_____月_____日

B.您在何處購得本書：_____書店，位於_____(市、縣)

C.您從哪裡得知本書的消息：
　　1.□書店　　2.□報章雜誌　　3.□電台活動　　4.□網路資訊
　　5.□書籤宣傳品等　　6.□親友介紹　　7.□書評　　8.□其他

D.您購買本書的動機：（可複選）
　　1.□對主題或內容感興趣　　2.□工作需要　　3.□生活需要
　　4.□自我進修　　5.□內容為流行熱門話題　　6.□其他

E.您最喜歡本書的：（可複選）
　　1.□內容題材　　2.□字體大小　　3.□翻譯文筆　　4.□封面　　5.□編排方式　　6.□其他

F.您認為本書的封面：1.□非常出色　　2.□普通　　3.□毫不起眼　　4.□其他

G.您認為本書的編排：1.□非常出色　　2.□普通　　3.□毫不起眼　　4.□其他

H.您通常以哪些方式購書：(可複選)
　　1.□逛書店　　2.□書展　　3.□劃撥郵購　　4.□團體訂購　　5.□網路購書　　6.□其他

I.您希望我們出版哪類書籍：（可複選）
　　1.□旅遊　　2.□流行文化　　3.□生活休閒　　4.□美容保養　　5.□散文小品
　　6.□科學新知　　7.□藝術音樂　　8.□致富理財　　9.□工商企管　　10.□科幻推理
　　11.□史哲類　　12.□勵志傳記　　13.□電影小說　　14.□語言學習（____語）
　　15.□幽默諧趣　　16.□其他

J.您對本書(系)的建議：
_____

K.您對本出版社的建議：
_____

讀者小檔案
姓名：_____性別：□男 □女　生日：___年___月___日
年齡：　1.□ 20 歲以下 2.□ 21 — 30 歲 3.□ 31 — 50 歲 4.□ 51 歲以上
職業：　1.□學生 2.□軍公教 3.□大眾傳播 4.□服務業 5.□金融業 6.□製造業
　　　　7.□資訊業 8.□自由業 9.□家管 10.□退休 11.□其他
學歷：□國小或以下 □國中 □高中／高職 □大學／大專 □研究所以上
通訊地址：_____
電話：（H）_____（O）_____傳真：_____
行動電話：_____ E-Mail：_____

◎謝謝您購買本書，也歡迎您加入我們的會員，請上大都會文化網站 www.metrobook.com.tw 登
　錄您的資料。您將不定期收到最新圖書優惠資訊和電子報。

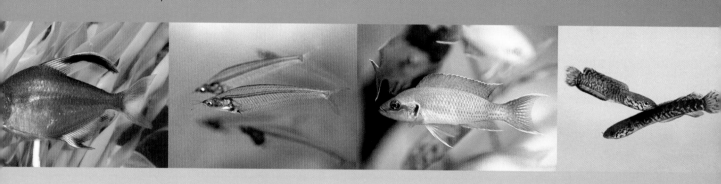

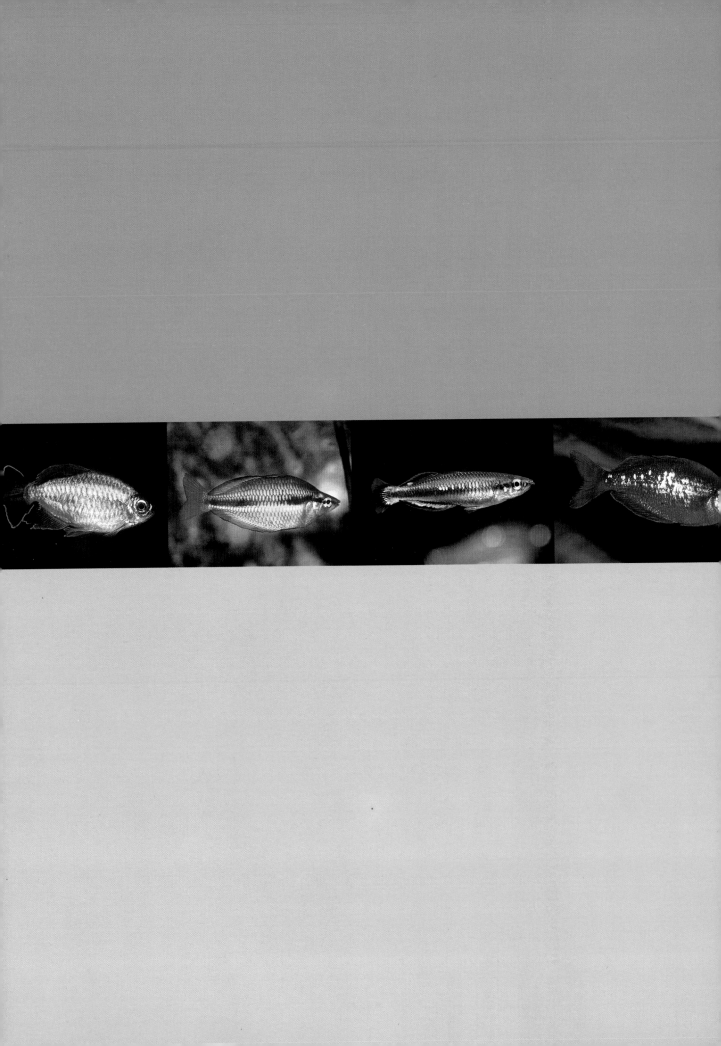